素数って偏ってるの？

～ABC予想，コラッツ予想，深リーマン予想～

小山 信也 著　　長原佑愛 挿絵　　矢吹ゆい 構成協力

技術評論社

まえがき

　前著『「数学をする」ってどういうこと？』の刊行から2年が経ちました．私は，前著の前半で「新型コロナ対策への数学的考察」を，そして後半では「深リーマン予想」という最先端の数学の解説を行いました．本書はその続編であり，前著の出版から2年の間に起きたことの報告です．

　コロナについては，前著の論考を「Yahoo!ニュース」で取り上げて頂けたのは光栄でしたが，その際の見出しが「メディアは勘違い」となっており，前著があたかもマスコミ批判を主題としていたかのように受け取れるものでした．本書では，その解釈が必ずしも当たっていなかったことを解説します．

　本書の後半では，最先端の数学の研究成果についてお話します．数学界でこの2年間に起きたことといえば，ABC予想を証明したとされる京都大学の望月新一教授の論文が出版されたこと，アメリカの天才数学者タオによりコラッツ予想が「ほとんど解決」されたこと，そして，素数に不自然な偏りがあるという19世紀からの未解決問題「チェビシェフの偏り」の原因が解明されたこと，などが挙げられます．コラッツ予想とは「どんな自然数も『偶数なら2で割り，奇数なら3倍して1を足す』という操作を繰り返すと，いずれ必ず1になる」という予想です．一見，簡単に見える整数の問題であるため，世界中の数学愛好家からプロの数学者まで幅広く人気のある予想ですが，多くの人々の挑戦を退けてきた難問です．

　ABC予想は，数学者が抱いてきた「素数のランダム性」の1つの表現です．一方，タオによるコラッツ予想の研究も，整数の世界に潜むランダム性を見出し利用したものです．「チェビシェフの偏り」は，素数がランダムであるという概念を覆すかに見える現象でしたが，それが「深リーマン予想」によって解明されました．整数の世界にときどき顔を出す「ランダム性」は，人間が抱く根源的な感覚であり，数学者が魅力を感じる部分でもあります．AIがいくら発達しても真似できない，人間だけが持つ感性によって数学が創られ，数学の根底が支えられていることを，本書を通して汲み取って頂ければ幸いです．

著者

目　次

第 0 部　数学は論理じゃない？

第1部　ABC予想

第2部　コラッツ予想

第3部　チェビシェフの偏り

登場人物の紹介

景子 ちゃん

高校生の女の子。
優くんとは小さい頃からの幼馴染で、
たまに勉強を教えている。
数学が得意で、ひらめき力が人一倍ある。

優 くん

中学生の男の子。
数学に興味はあるけどちょっと苦手。
なので景子をとても頼りにしている。
議論に乗ってくると抜群の思考力を
発揮する。

ゼータ 先生

数学者。
専門はゼータ関数論。
近所の中高生に数学を教えるのが趣味。
教え子から「ゼータ先生」と
呼ばれている。

第 0 部

数学は
論理じゃない？

景子　ゼータ先生，ご無沙汰しています！

ゼータ　いらっしゃい．よく来たね．いつ以来だったかな？

優　前回伺ったのが2021年でしたから，約2年ぶりです．

景子　あのときは，コロナから深リーマン予想まで，いろいろなお話が聞けて，面白かったです．

優　コロナのお話は「外出の8割削減」を達成できなかったにもかかわらず，第一波が収束した理由についてでした．

ゼータ　「外出」と「接触機会」は比例関係ではなく，2次関数で結ばれているという話をしたね．

景子　「外出の削減」は6割にとどまったけど，その2次関数である「接触機会の削減」は8割が達成できたんですよね．

優　当時，Yahoo!ニュースでも取り上げられましたよね．

景子　ニュースは評判を呼び，好意的なコメントが多かったですよね．

優　今でも，ニュースは閲覧可能ですよ．（スマホで検索して）ほら．

中学数学レベルでもメディアは勘違い？ コロナ禍の「接触8割減」の正しい意味

2021年07月02日 公開
2021年07月07日 更新

小山信也（東洋大学理工学部教授）

距離を空けてください
SOCIAL DISTANCE

https://shuchi.php.co.jp/article/8659 より

ゼータ 実は，これについて少し気になることがあるんだ．

景子 何ですか？

ゼータ 「接触機会」と「外出」を取り違えたことを「メディアの勘違い」としていることだよ．

優 メディアの責任ではないんですか？

ゼータ たしかに，メディアの報道によって誤解が広がったわけだけど，そもそも，政府の発信の段階から間違いがあったんだ．

景子 えっ？　そうなんですか？

ゼータ これが，その当時，政府から自治体に宛てた文書だよ．

令和2年4月13日

都道府県・指定都市市民活動担当 御担当者殿

内閣府政策統括官（経済社会システム担当）付
参事官（共助社会づくり推進担当）

出勤者7割削減を実現するための要請について（協力依頼）

平素より、共助社会づくりの推進に御尽力いただき厚く御礼申し上げます。

さて、令和2年4月7日、改正新型インフルエンザ等対策特別措置法第32条第1項の規定に基づき緊急事態宣言が発出されました。同日に変更された新型コロナウイルス感染症対策の基本的対処方針において、「接触機会の低減に徹底的に取り組めば、事態を収束に向かわせることが可能であり、以下の対策を進めることにより、最低7割、極力8割程度の接触機会の低減を目指す」こととしております。

具体的には、貴職の所轄の特定非営利活動法人に対し、
①オフィスでの仕事は、原則として自宅で行えるようにする。
②どうしても出勤が必要な場合も、ローテーションを組むことなどによって、出勤者の数を最低7～8割は減らす、
③出勤する者については、時差通勤を行い、社内でも人の距離を十分にとる。
④取引先などの関係者に対しても、出勤者の数を減らすなどの上記の取組みを説明し、理解・協力を求める
といった取り組みの実施に向けて、周知の程よろしくお願い申し上げます。

ゼータ　日付は令和2年4月13日．最初の緊急事態宣言が4月7日に発令された6日後だよ．

優　「接触機会」と「出勤者の数」の削減が，どちらも「7～8割」と書かれていますね．

ゼータ　接触機会を8割減らすためには，出勤者を6割減らせば十分なのに，そのことは一言も書かれていないよね．

景子　もともと政府からこのように発信されたのを，メディアはそのまま報道したわけですね．

優　　そうすると，マスコミばかりに責任を押し付けるのは違いますね．

ゼータ　そして大事なことはね，これが数学の問題だということだ．

景子　どういうことですか？

ゼータ　誰もが，自分の思考力で確認する手段を持ち合わせているということだよ．

優　　いわゆる「フェイクニュース」とは違う，ということでしょうか．

ゼータ　数学は，人の頭で考えればわかるものだからね．

景子　たとえば，「大統領選挙で不正があった」と報道されたら，私たちはそれを信じるしかないですよね．

優　　不正があったかどうかを一般市民がどんなに考えてもわからないし，確かめる方法が無いですからね．

景子　だからこそ，マスコミは事実を正しく伝える必要があるわけですよね．

ゼータ　でもこの「**8割削減**」の問題は違うよね．

優　　政府の発信に矛盾があることは，考えてみれば誰にでもわかりますね．

景子　これをそのまま信じるのは，たとえるなら，書き間違いを見逃して内容も見ずに鵜呑みにするみたいなものでしょうか．

優　　日本語の書き間違いに気づく人はいても，数学的な誤りにはなかなか気づかないですね．

景子　メディアが間違えた責任は確かに大きいと思いますが，私たち1人1人がちゃんと考えるべきなのですね．

優　数字や数式というと，専門家に任せておけば良いという風潮がありますよね．

ゼータ　それに関して，私の知り合いの数学者で，「**識数率**」という造語を提唱している人がいるよ．

景子　識数率ですか？　どういう意味ですか？

ゼータ　「識字率」の数学版だよ．

優　識字率とは，「読み書きできる人の割合」ですよね．

景子　「江戸時代は8割くらいだった」とか，聞いたことがあります．

優　字が読めない人は，手紙を受け取ったら，読める人のところに持って行って読んでもらっていたんですよね．

ゼータ　そうなんだ．自分は読めないから，他人に丸投げするしかないということだよね．現代の数学と一緒だと思わないかい？

景子　数字や数式が出てくると，自分で考えるのをやめてしまい，専門家やメディアのいうことを鵜呑みにするということですね．

優　たしかに，そう考えると，数学的に「読み書きできない人」ということになりますね．

ゼータ　彼は，「識数率の向上が今の日本に必要だ」と主張しているよ．

景子　識数率が上がれば，社会はもっと良くなるのでしょうか．

ゼータ　数字に関するあらゆることに，1人1人が責任を持てるようになるだろうね．

優　決めつけや押しつけの無い世の中になるのなら良いですね．

ゼータ　人間の純粋な思考だけで正否が判断できることは，数学の特徴だからね．

景子　「8割削減」の問題で，日本人の識数率の低さが露呈してしまいましたね．

優　僕もそうですけど，数学というと，拒絶反応を示す人が多いのかもしれませんね．

ゼータ　残念ながら，その通りだね．

江戸時代	現代

数学か国語か

　本文では「8割削減」の誤解の発信元がメディアではなく政府だったこと，また それを鵜呑みにした国民1人1人にも責任があることを述べました．ここでは， 当時「Yahoo!ニュース」に寄せられたコメントに見られた，もう1つの誤解を指 摘したいと思います．

　それは「これは数学ではなく国語の問題だ」という考え方です．緊急事態宣言 で述べられた削減対象は「接触機会」であったのに，それを勝手に「外出」とい う別の言葉に置き換えたのは，日本語に関する不注意から来ている，というのが その根拠です．

> 　これは，算数的に説明すれば，という話であって，本質はむしろ国語の問 > 題ではないですか．
> 　普通に考えて，接触機会と外出は全くイコールではないのだから，リアル > にこの言葉の意味を想像すれば外出6割と接触機会8割の意味も直感的にわ > かりますよね．（後略）
>
> Yahoo!ニュースコメントより引用

　しかし，この考え方にもまだ誤解があります．それは，「接触機会」と「外出」 に，たとえば「人出」のような第三の言葉を加えて考えてみるとわかります．当 時，「接触機会」を「外出」に誤って置き換えたわけですが，実際には個人の「外 出」を測定することは不可能ですので，各報道機関は「街の人流調査」を行い 「人出」を測定し報道しました（次図）．ここで「外出」を「人出」に再度置き換 えているわけですが，この置き換えは正しいです．なぜなら，「街の人出」は「各 人の外出」の総和であり，外出と人出は一次関数で結ばれるからです．各人の外 出が2倍になれば，街の人出も2倍になるという，正比例の関係が成り立ってい ます．つまり，「言葉を勝手に置き換えたからダメ」なのではありません．異な る言葉どうしがどのような数式で結ばれているのか，一次関数なのか二次関数な のか．それはまさに数学的な判断なのです．

　「8割削減」の誤解の指摘に対してなお「これは数学の問題ではない」とする風 潮．数学を軽視するそうした姿勢こそが，最大の問題なのかもしれません．

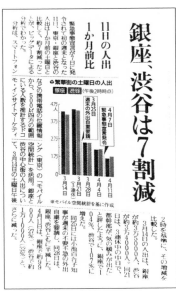

人出の減少度を報じた新聞記事

（上段：2020 年 4 月 12 日　読売新聞より抜粋，下段：毎日新聞 2020 年 4 月 14 日付）

人出8割減は一部　丸の内、梅田など　各地でばらつき、2割減の街も

社会 | 速報 | 東京 | 岐阜 | 大阪 | 福岡 | 宮崎

毎日新聞　2020/4/26 20:30（最終更新 4/27 00:16）　🔒 有料記事　677文字

人通りが少ない新宿駅前＝東京・新宿で2020年4月26日午後4時43分、宮武祐希撮影

政府は新型コロナウイルスの感染拡大を受けて、不要不急の外出自粛を要請し、人と人との接触機会8割削減を掲げるが、26日の全国各地の人出が8割減少したのは一部の都市部にとどまっている。

携帯電話の位置情報などを基にNTTドコモが分析したデータによると、26日午後3時時点の全国各地の人出に関して、感染拡大以前（今年1月18日から2月14日の休日平均）と比べた増減率は、87・8%減〜18・0%減で、依然として大きなばらつきがあった。

東京都は連休をまたぐ25日〜5月6日を「いのちを守るステイホーム週間」と位置づける。ドコモのデータによると、都内主要地点の人出の減少率で8割を超えたのは、東京駅87・2%、丸の内85・3%、新宿駅81・9%など5カ所あった。その他の、銀座76・9%▽霞が関74・4%——など7地点は8割未満だった。

人出8割減の未達成を報じた記事（毎日新聞デジタル2020年4月26日付）

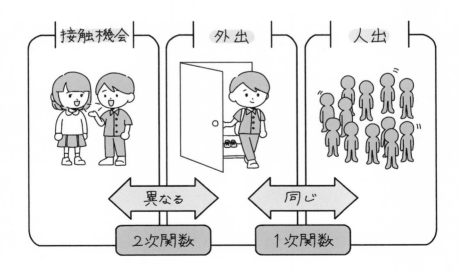

接触機会 — 異なる — 2次関数

外出 — 同じ — 1次関数

人出

第2話 数学は論理じゃない？

ゼータ 2人は，**小平邦彦**さんという人を知っているかな？　1954年に日本で最初にフィールズ賞を受賞した有名な数学者だよ.

景子 お名前は伺ったことがある気がします. フィールズ賞は「数学のノーベル賞」といわれている賞ですよね.

ゼータ そういわれることが多いね. ただ，「40歳以下」という年齢制限がある点がノーベル賞とは違うけど.

優 どうして年齢制限があるのですか？

ゼータ フィールズ賞には，若手を奨励する意味合いがあるからだよ.

景子 では，必ずしも世界一の業績に与えられるとは限らないのですね.

ゼータ たとえば「**フェルマーの最終定理**」を360年ぶりに解決した**ワイルズ教授**は，当時40歳を過ぎていたため受賞しなかったね.

優 それなのにフィールズ賞がノーベル賞と似た位置づけなのは，数学では若い時代に優れた業績を挙げることが多いからでしょうか.

ゼータ 他の学問分野に比べると，若い人の業績が評価される割合は高いだろうね. ただ，晩年に優れた業績を挙げる例もたくさんあるよ.

景子 小平先生の受賞は，当時の日本で大きなニュースとして扱われたのでしょうね.

ゼータ そうだね．それに，先生は数学の啓蒙活動でも有名なんだ．著名なエッセイに『怠け数学者の記』*1という一般向けの本があるよ．

優 面白そうなタイトルですね．

ゼータ 「数学はどういう学問か」といった話題から「教育のあり方」にまで触れている，学ぶべき点が多い本だよ．

景子 「教育のあり方」ですか？

ゼータ 小学校の教育課程についての意見を述べているね．幼少時に「絶対に教えるべきこと」と「教えなくても良いこと」を区別すべきだと．

優 「教えなくても良いこと」とは，どんなことですか？

ゼータ 一例として「目玉焼きの作り方」を挙げているね．

景子 目玉焼きですか？

---

*1 岩波書店

ゼータ　一見，突飛とも思える例だけど，「大人になってから考えれば自然とわかること」の代表として挙げているんだろうね．

優　それに対して，数学は「絶対に教えるべきこと」に入るということでしょうか．

ゼータ　うん．数学と国語をそう位置付け，理科や社会に比べて小学校の授業数を多くすべきだと主張しているよ．

景子　母国語を幼少時に学ぶ必要があるのは当然ですが，それと同列に数学を扱っているわけですね．

優　数学的なセンスも，一種の言語のようなものだということでしょうか．

ゼータ　実は，近年，早期教育において，数学にはむしろ母国語より高い効果が認められるという結果が，**認知科学**の論文で得られているんだ．

景子　それは驚きですね．どんな論文ですか？

ゼータ　まず，2007 年にアメリカ心理学会が発行する学術誌に掲載された論文があるよ．

優　アメリカ心理学会とは，本格的ですね．

ゼータ　その論文は，早期教育で効果が高いトップ 3 が「数学」「読解力」「注意技能」であり，中でも「数学」が 1 位であると結論しているんだ．

景子　読解力よりも数学が上とは，すごいですね．

優　3 つ目の「注意技能」は，どういう意味ですか？

ゼータ 認知科学では「注意」という語を日常と異なる意味で用いる．「注意技能」とは「集中力を高める訓練」にほぼ近いそうだよ．

景子 読解力，集中力のどちらも，生きていくうえで重要な能力だと思いますが，数学がそれ以上の価値を持つとは意外です．

ゼータ この研究はその後も他の研究者らによって引き継がれている．2017年には数学の能力をさらに細分化して論じた論文も出版されているよ．

優 幼少の頃に数学を正しく学ぶ環境が整備されれば，先ほどおっしゃった「**識数率**」が向上するのかもしれませんね．

ゼータ 小平先生は，そういうことを見越して述べられたのかもしれないね．ここで，その本の一節を引用しよう．

> 一般に，数学は厳密な論理によって組み立てられた学問であって，論理と全く同じではないとしてもだいたい同じようなものと思われているけれども，実際には数学は論理とはあまり関係がない．

景子 「**論理**とはあまり関係がない」とは意外ですね．私も数学は論理だと思っていました．

優 僕もです．多くの人がそう感じていると思います．

景子 でも，数学で論理は重要ですよね．

ゼータ もちろん，小平先生は論理の大切さを否定しているわけではないんだ．

優 では，なぜ「論理とはあまり関係がない」とおっしゃるのでしょう．

ゼータ　「数学における論理は，文学における文法のようなものだ」と説明しているよ.

景子　「必ず守らなければならないルール」といった意味でしょうか.

ゼータ　その通り. どんな文章も，最低限の文法を守ってこそ意味を成すからね.

優　感動するような優れた文学作品も，文法を踏まえて書かれているわけですよね.

ゼータ　文学作品だけでなく，メールや日常会話など，あらゆる言葉のやり取りにもそれは当てはまるよね.

景子　なるほど. そう考えると，数学における「論理」の位置づけがわかってくる気がします.

ゼータ　でも，文法を守ったからといって，必ずしも良い文章を書けるわけではないよね.

優　そこが気になります. 文法の先に文学があることはわかりますが，数学では論理の先に何があるのでしょう？

ゼータ　数学を建築物に例えたら，わかりやすいかもしれないね.

景子　論理は何に当たるのですか？

ゼータ　個々の資材を正しく用いて組み立てていくことだよ.

優　建築物を「組み立てる」感じが，論理の雰囲気に合っていますね.

景子　組み立てた結果，豪華な宮殿からお洒落な邸宅まで，いろいろなものができ上がるわけですね.

ゼータ　それが，論理の先にある数学的な発想や，数学者が追求する美しさといったものなのだろうね.

景子　数学者が求めている美とは，どんなものなのでしょうね.

優　僕にはちょっと想像がつきません. 数学が美しいなんて.

数学の早期教育

　本文で引用した2007年の文献は，アメリカ心理学会（American Psychological Association）発行の専門誌「Developmental Psychology （発達心理学)」に掲載された，以下の論文です．

　　G. J. Duncan et. al: "School Readiness and Later Achievement" Developmental Psychology, Vol. **43** (2007) 1428-1446.

この論文では，アメリカの教育心理学の研究で用いられる6種類のデータセットを解析しています．各データセットのサンプル数は数千人から数万人の規模です．

G. J. Duncan らによる論文の表紙

6種類のすべてについて，幼稚園から二十歳前後まで同一の個人を追跡調査するという，心理学における「縦断研究」という手法を用いた結果，すべてのデータセットに共通してみられた現象として，**数学の早期教育が最も有効である**との結論を得た，としています．

また，本文で言及した2017年の後継研究は，以下の論文です．

T. W. Watts et. al: "Does Early Mathematics Intervention Change the Processes Underlying Children's Learning?" Journal of Research on Educational Effectiveness, Vol. **10** (2017) 96-115.

こちらの論文では，数学の早期教育が及ぼす効果について，数学の能力を「**状態**（state）」と「**特性**（trait）」の2種類に細分化したうえで，状態に及ぼす効果が

T. W. Watts らによる論文の表紙

より大きいことを検証しています．「状態」と「特性」は認知科学の用語で，状態は一時的で容易に変化し得る性質を，特性は比較的長く続く性質を表します．

　早期教育において数学が絶大な効果を持つことは，小平先生がいち早く指摘されていた内容とも一致します．

　なお，ここで引用した論文の情報は，コロンビア大学で認知科学・教育心理学を専攻されている小林さやかさんに教えて頂きました．また，認知科学の用語の訳については，東洋大学総合情報学部の加藤千恵子教授のご指導を仰ぎました．この場を借りてお二方への感謝の意を表します．

ゼータ　私の友人の大学教授が，入試問題を出題・採点したときのエピソード
が，1つの例になるかもしれないな.

景子　入試問題ですか？　それは気になります.

優　いったい，どこの大学でしょうか？

ゼータ　誰もが知っている一流大学だよ.

景子　どんな問題だったのですか？

ゼータ　理工学部で出題された，こんな問題だ.

> 整数を係数とする任意の多項式 $f(x)$ と，任意の自然数 m, n に対
> し，$f(n+m) - f(n)$ は m の倍数であることを証明せよ.

優　証明問題ですね. 苦手だなぁ.

景子　$f(x)$ を具体例で考えると，感じがつかめるかもしれないわね.

ゼータ　さすがは景子ちゃん. いい方針だね.

優　簡単な場合からやってみると，もし，$f(x) = x$ なら，

$$f(n+m) - f(n) = (n+m) - n$$
$$= m$$

これは m の倍数.

景子　次に, $f(x) = x^2$ なら,

$$f(n+m) - f(n) = (n+m)^2 - n^2$$
$$= (n^2 + 2nm + m^2) - n^2$$
$$= 2nm + m^2$$
$$= m(2n+m)$$

だから, これも m の倍数.

優　$f(x) = x^3$ なら,

$$f(n+m) - f(n) = (n+m)^3 - n^3$$
$$= (n^3 + 3n^2m + 3nm^2 + m^3) - n^3$$
$$= 3n^2m + 3nm^2 + m^3$$
$$= m(3n^2 + 3nm + m^2)$$

だから, これも m の倍数.

景子　なるほど. だんだんわかってきたわ. 展開式の最初の項が n だけからなる n^k の形をしていて, $-f(n)$ と打ち消し合って消えるのね.

優　$f(x) = x^k$ なら,

$$f(n+m) - f(n) = (n+m)^k - n^k$$

で, $(n+m)^k$ の展開式を考えればいいんだね.

景子　展開式のうち, m の無い項は n^k だけで, これが $f(n)$ と等しいから引かれて消えて, 残りのすべての項は m を含むのよ.

ゼータ　とりあえず正解だね.

優　それほど難しくなかったですけど, これが一流大学の問題なのですか?

ゼータ 実は，これは，何問も出題された小問の1つで，解答欄も狭くて，2〜3行しか書けないんだ．

優 証明問題なのに，そんなに解答欄が狭いんですか？

景子 さっきの解答は，3行で書けませんね．

優 文章で説明したら長くなるし．だからといって数式を使うとまず多項式を置くところから始めなくてはなりませんからね．

ゼータ どれくらい長くなるか，ちょっとやってみてごらん．

景子 まず，$f(x)$ の次数を d として，整数 a_j $(j = 0, 1, 2, ..., d)$ を用いて，

$$f(x) = \sum_{k=0}^{d} a_k x^k$$

のように置く必要があります．

優 そうすると，こんな風に計算すれば良いのかな．

$$f(n + m) - f(n) = \sum_{k=0}^{d} a_k (n + m)^k - \sum_{k=0}^{d} a_k n^k$$
$$= \sum_{k=0}^{d} a_k \left((n + m)^k - n^k \right)$$

景子 ここで，$(n + m)^k$ を二項定理で展開すれば良いですね．

$$(n + m)^k - n^k = \sum_{j=0}^{k} {}_k\mathrm{C}_j n^{k-j} m^j - n^k$$

優 $\sum$ の計算のうち，$j = 0$ の項が

$$ {}_k\mathrm{C}_0 n^k m^0 = n^k$$

となって，次の $-n^k$ と打ち消し合って，無くなるわけですね．

景子　したがって，$j \geqq 1$ にわたる和になり，

$$(n+m)^k - n^k = \sum_{j=1}^{k} {}_k\mathrm{C}_j n^{k-j} m^j$$

と表せて，どの項も1つ以上 m を含むから m の倍数になります．

ゼータ　たしかに正解だけど，出題者は，こんなに長い解答を想定して問題を作ったわけではないそうだよ．

景子　解答欄が3行分ということは，模範解答は3行以内なのですか？

優　そんなに簡単な方法があるのかなぁ？

ゼータ　実は，2行で収まる解法があるんだ．ちょっと考えてみてごらん．

優　　ダメです．全然わかりません．

景子　mod m の**合同式**を使ったら解答が少しだけ短くなりましたが，それでも3行には全然収まりませんでした．

優　　mod m の合同式って，何？

ゼータ　「m で割った余り」を比べる式だよ．

景子　2数 a, b が「m で割った余り」が等しいとき，$a \equiv b \pmod{m}$ と，3本線のイコールの記号を使って書くのよ．

ゼータ　その記号を使えば，目標は $f(m+n) - f(n) \equiv 0 \pmod{m}$ となるね．

優　　それで，景子ちゃんはどうやって証明したの？

景子　まず，$f(x)$ を k 次とし，係数 a_j は整数として，$f(x) = \displaystyle\sum_{j=0}^{k} a_j x^j$ とおいてから，こんな計算をしたのよ．

$$
\begin{aligned}
f(m+n) - f(n) &= \sum_{j=0}^{k} a_j (m+n)^j - \sum_{j=0}^{k} a_j n^j \\
&\equiv \sum_{j=0}^{k} a_j n^j - \sum_{j=0}^{k} a_j n^j \pmod{m} \\
&\equiv 0 \pmod{m}.
\end{aligned}
$$

よって $f(m+n) - f(n)$ は m の倍数である．

ゼータ　合っているよ．この方法は，足し算と掛け算が，「m で割った余り」の世界でも正しくできる事実から，可能になるわけだね．

優　　たしかにさっきの解答よりは短くなりましたけど，まだ3行には収ま

りませんね.

ゼータ ハハハ. 当時, 受験生もすべての出版社も, 誰も思いつかなかった解法だから無理もないね.

優 え, そうなんですか?

ゼータ 出題した教授によると, その理工学部の受験生1万人以上の全答案をチェックしたが, 想定した模範解答は1つもなかったそうだよ.

景子 模範解答を知りたいです.

優 本当に2行で書けるのでしょうか.

ゼータ では発表しよう. これが模範解答だよ.

$g(m) = f(n+m) - f(n)$ と置く. $g(0) = f(n) - f(n) = 0$であるから, 因数定理により $g(m)$ は m の倍数である.

景子 なんと, **因数定理**を使うんですか?

優 因数定理ってなんでしたっけ?

景子 こんな定理よ.

多項式に a を代入して0になったら, その式は因数 $x - a$を持つ.

優 あ, それか. 高校で習ったね. 因数分解の問題で使った記憶があるな.

ゼータ この問題で用いるのは $a = 0$の場合だから, 大げさに因数定理と言わなくても, **「0を代入すれば定数項になる」** は当然だよね.

景子　高校で因数定理といえば，3次式や4次式の因数分解で使うものだと思っていましたが．

優　こんな風に使うとは意外です．

ゼータ　この解法だと，$f(x)$ の次数や係数を一切設定する必要がない．計算も不要だしね．

景子　二項定理も必要なく，一瞬で解けるんですね．

優　先生のお友達の出題者の方は，どうしてこんな解答を思いついたのでしょうか？

ゼータ　彼が言うには，因数定理の理解の仕方がポイントだそうだよ．

景子　「理解の仕方」とは，どういうことでしょうか？

ゼータ　数学の定理は，単に論理的に理解するだけじゃなくて，**定理の心**に共感する必要がある．

優　「定理の心」ですか？

景子　因数定理の心とは，何でしょうか？

ゼータ　「代入して0になる」という性質から，関数の形がある程度わかってしまうという，驚くべき事実だろうね．

優　僕は，因数定理を「因数分解を求めるための道具」としか思っていませんでした．「驚くべき事実」という感動があるのですね．

景子　そんなふうに定理を見ると，改めて定理の価値もわかる気がします．

優　形のわからない関数でも，1つの値を知るだけで，形が少しわかることが，すごいのですね．

ゼータ　出題者は，因数定理の価値に感動して，「こんなすごいことがわかるなら，何かできるんじゃないか」と思ってこの問題を作ったらしい．

景子　そんな感動があるなら，たしかに「数学は論理だけではない」ということになりますね．

優　「価値」や「すごさ」は人の感情なので，論理とは別ものですよね．

ゼータ　論理という意味では，最初に2人が思いついた解答でも完ぺきなんだよ．でも，この模範解答は，論理だけでは得られない．

景子　定理への共感とその価値への感動から，生まれる着想なのですね．

優　これが，文法の先にある「文学の美しさ」に相当することなのか．

ゼータ　入試問題に限らず，研究者による数学の発展は，そうした発想からなされているわけだからね．

景子　だから小平先生は，「数学は論理とはあまり関係がない」とおっしゃったんですね．

ゼータ　大切なのは，論理の先にある数学的風景なのだろうね．

優　受験で論理のところしか勉強しないのは，もったいないですね．

景子　それに面白みにも欠けますよね．

ゼータ　でも大丈夫．2人とも，今からでもそういうことを意識しながら数学をやっていけば，きっと楽しめるときが来ると思うよ．

理想的な数

　本文で引用した入試問題は，2001年に慶應義塾大学理工学部で出題されました．ここで紹介した模範解答は，決して奇をてらった解法ではなく，数学的に正統な発想です．実は，大学3年生の**代数学**（**環論**）で習う「**イデアル**」というものから自然に生まれる着想なのです．イデアルは19世紀の前半に**クンマー**という数学者が導入した概念で，「**整数の拡張**」です．以下に少し説明します．

　古代から整数論は，**素因数分解**の一意性（どんな数も1通りに素因数分解できること）を前提に成り立ってきました．しかし，フェルマーの最終定理などの未解決問題を研究する過程で，通常の整数の世界を「**代数的整数**」に拡張する必要性が出てきました．代数的整数とは，たとえば，$a + b\sqrt{-5}$（a, b は整数）の形の複素数のことです．この拡張された整数の世界では，素因数分解の一意性が成り立たず，2通りに素因数分解される例が存在します．たとえば，6という数は

$$6 = 2 \times 3 \qquad \text{かつ} \qquad 6 = \left(1 + \sqrt{-5}\right)\left(1 - \sqrt{-5}\right)$$

と2通りに素因数分解できます（右辺の4数は，代数的整数における素数です）．当時，この奇妙な現象が障害となり，理論が停滞していました．

　そこでクンマーが考案したのがイデアルです．その名称は英語の ideal（理想的な）あるいはドイツ語の ideale（理想）から来ています．クンマーは通常の数の概念を一般化した「理想的な数」（理想数）を提唱したわけです．

　イデアルの定義は column 4 で述べますが，このイデアルを用いると，上の4つの数はイデアルの世界で「素」ではなく，次の形に「素イデアル分解」されることがわかります．

$$2 = AB, \qquad\qquad 1 + \sqrt{-5} = AC,$$
$$3 = CD, \qquad\qquad 1 - \sqrt{-5} = BD.$$

　その結果，$6 = ABCD$ と，1通りに素イデアル分解されます．すなわち，数をイデアルに拡張することで一意分解性を維持することができ，整数論が進展したわけです．通常の整数では，イデアルはたまたま普通の数と一致するため，見えていなかったのです．

ゼータ　コロナの話に例えるなら，学校で習う「2次関数」や「2次方程式」が，文法に当たるよね.

景子　そうすると，文学に相当するのが「接触機会と外出の削減率が2次関数で結ばれる」という事実になりますか.

優　でも，その事実自体は相変わらず論理だと思うな.

景子　というと，文学に相当するのは何なのでしょう.

ゼータ　正確にいうと，その事実そのものというより，「そういう事実を見出す発想」が，文学に相当するんじゃないかな.

景子　そこが数学の本質であり，目標であるというわけですか.

ゼータ　そうだね．それは，論理ではできないことだね.

優　たとえば，PCに解法をプログラムすれば2次方程式は解けますが，それだけではコロナの問題はわからないということですね.

景子　「何と何が2次関数で結ばれるのか」という判断が必要になりますからね.

優　もし，2つの量のデータが与えられれば，それらの間の関係式を求めることはPCにもできるでしょうけど.

景子　でも，それじゃ意味ないですよね．コロナの問題では，データが無い最初の状態で関係を見抜く必要があったわけですから．

ゼータ　データからではなく，2つの量の性質を見極めて，関係性の理由を理解する必要があるよね．

優　PCは理由を考えませんからね．

ゼータ　つまり，習う内容は論理でも，「それをどう生かすか」は論理から自動的に出るわけじゃない．人間に託されているということなんだ．

景子　文法を完ぺきに習ったからといって，良い文章が書けるわけではないのと一緒ですね．

ゼータ　小中学校で，国語の授業を皆が受けるけれど，その先の「日本語」に対する向き合い方は人それぞれだよね．

優　より「うまい文章」や「美しい表現」を目指して努力する人もいれば，逆に「言葉なんか通じれば良い」という考えの人もいますね．

ゼータ　数学も同じで，「習ったこと」そのものではなく，「それを使ってできること」を考えるところが重要なのだろうね．

景子　習ったことに満足せず，オリジナリティを持ってその先の世界を見出すことこそが，数学なのですね．

ゼータ　数学者が行う研究は，まさにそういうことだろうし，そこに個人差が現れるわけだね．

優　難しそうですけど，その反面，楽しそうですよね．

ゼータ　そういう喜びを知ってほしくて，前回は深リーマン予想の説明をしたんだよ．

景子　それで，今回は，どんなお話を聞かせていただけるのでしょうか？

ゼータ　今日のテーマは，一言で言うと「整数の世界に潜む**ランダム性**」だよ．

優　「ランダム」とは「不規則」という意味ですか？

ゼータ　そうなんだけど，ここでいう「ランダム」も「不規則」も，数学的にきちんと定義できるわけじゃないんだ．

景子　「何となくバラバラな感じがする」ということですか？

ゼータ　まさにそういう，人間が抱く感覚だよ．

優　数学らしくないようにも思いますが，これが，小平先生がおっしゃる「論理ではない」ということなのかもしれませんね．

ゼータ　その「ランダムな感じ」を何とか論理的に定式化し証明することが，数学の目標でもあるんだよね．

景子　ランダム性は，最初から与えられた概念ではなく，もともと人が直感したことなのですね．

優　「数学は論理ではない」と小平先生がおっしゃった意味が少しわかります．

ゼータ　そしてそれを，後から論理づけるのが数学者の仕事なんだよ．2人は「**ABC予想**」を聞いたことがあるかい．

景子　新聞などの報道で見たことがあります．テレビの特集もあったように思います．

優　でも，内容まではあまり理解していません．

ゼータ　実は，ABC予想は，ある意味で今日の主題である「整数の世界に潜むランダム性」を表したものなんだ．

景子　人が心に抱く「バラバラな感じ」を数式で表したものなのですね．

ゼータ　「双子素数予想」や「フェルマーの最終定理」などの有名予想も，同種のランダム性が背景にあるといえる．

優　無関係に見える予想たちが，1つの「共通する感覚」から来ていると
　　は意外です．

ゼータ　今日はまず「ABC予想」がランダム性の1つの表現であること，そし
　　てそれが他の有名予想と共通する背景を持つことを説明しよう．

景子　「論理の先にあるもの」，または「論理を生み出す感情の部分」のお話
　　とも言えそうですね．

優　理解できるかどうかわかりませんが，面白そうです．

ゼータ　ところで，2人は「**コラッツ予想**」を知っているかい？

景子　聞いたことがありません．

優　数学の問題ですか？

ゼータ　何十年も未解決な，整数論の有名な予想だよ．問題は単純だから，誰
　　にでも理解できるよ．

景子　（スマホで調べて）　あ，ありました．自然数に操作を施すんですね．

- 偶数なら2で割る．
- 奇数なら3倍して1を足す．

優　コラッツ予想の主張は

　　　　　この操作を繰り返すと，どんな自然数もいずれ必ず1になる

だそうです．

景子　たしかに単純そうに見える予想です.

優　これが長年にわたる未解決問題だとは, 意外ですね.

ゼータ　でも実は, 昨年, アメリカの**タオ**という数学者が, この予想に対して大きな進展を得たんだ.

景子　証明したわけではないのですか?

ゼータ　微妙なニュアンスは後で説明するけど, タオは「完全な解決ではないが, この上なく解決に近いところまで到達した」といえるね.

優　数学は「解けたか解けないか」の白黒がはっきりするものという印象がありますが, そんなに微妙なニュアンスがあるのですか.

ゼータ　最先端の数学では,「一歩を踏み出す」のが大変で,「半歩」や「0.1歩」などもある感じだね.

景子　それでも, 確実に進んでいることが明確なのが, 数学らしいですね.

優　なるほど. そこが明確にわかるというのは, いいですね. それにしても「0.1歩」は厳しいけど.

ゼータ　それどころか,「ようやく片足を浮かせ始めた」だけのような研究も多いのが実感だよ.

景子　初めてのことを切り開いていくのって, 大変なんですね.

ゼータ　タオは, 以前に他の研究でフィールズ賞を受賞していて「世界最高の頭脳」の1人といわれているんだ.

優　　そんな人のおかげで，コラッツ予想は初めて「解決に近い状態」になったのですね.

ゼータ　そして，このタオの証明が，「整数の世界に潜むランダム性」を使っている.

景子　先ほど「数学的に定義されていない」とおっしゃっていたランダム性が登場するんですか？

優　　「ABC予想」がランダム性の1つの表現だったのですよね.

ゼータ　タオの証明に出てくるランダム性は，それとはまた別のものなんだよ.

景子　つまり，論理的には「ABC予想」などと直接関係ないのですね.

優　　それなのに，同じ「ランダム性」というキーワードで結ばれているんですか.

景子　論理的に結ばれていないのに，共通の感覚が背景にあるとは，数学の奥深さに触れる気がします.

優　　不思議な話ですね.

ゼータ　ところが，話はこれで終わらないんだ.

景子　さらに何かあるんですか？

ゼータ　「ABC予想」や「コラッツ予想」のキーワードである「ランダム性」が成り立たないかに見える，奇妙な現象があるんだよ.

優　　ランダム性は人の感覚的な概念だったと思いますが，そういう直感が

利かないのですね.

景子 さらに奥深い話ですね.

ゼータ それは「**チェビシェフの偏り**」と呼ばれている. 19世紀からの未解決問題なんだ.

優 今度は19世紀ですか. すごいですね.

ゼータ 「チェビシェフの偏り」は, ランダムだと信じられてきた素数の分布に, 不自然な偏りが見られる現象を指すんだよ.

景子 ランダムなはずの分布に, 偏りがあるということですね.

ゼータ 長年, その偏りが生ずる理由もわかっていなかったし, 偏りを定義することすらできていなかったんだ.

優 定義が無くても, データから「偏っているように見える」ことが明確だったのですね.

景子 これもまた, 論理より人の感覚が先行して研究が始まった例ですね.

ゼータ そして, この「チェビシェフの偏り」について, 一昨年に大きな進展があったんだよ.

優 一昨年とは, これもまた最先端の数学のお話ですね.

ゼータ しかも, その進展は, 前回のテーマだった「深リーマン予想」を使って得られたものなんだ.

景子 深リーマン予想で,「チェビシェフの偏り」が解けるのですか? それ

はすごいですね.

ゼータ 偏りの定義もできるし,偏りが生ずる理由もわかる.深リーマン予想を使えば,証明もできるんだ.

優 偏りの理由がわかるなら,結局,素数はランダムではないということになるのですか？

ゼータ ところがそうじゃない.むしろ,結論は逆なんだ.

景子 どういうことでしょうか.

ゼータ この研究で解明されたことは,偏りに見えていた素数の配列が,実は,素数全体のバランスを取るための自然な現象だったということなんだ.

優 なんと,そんな結末が待っていたとは,ドラマチックですね.

ゼータ 今日は最後にそんな話をしたいと思っているので,頑張ってついてきてほしいな.

景子 それは楽しみです.よろしくお願いします.

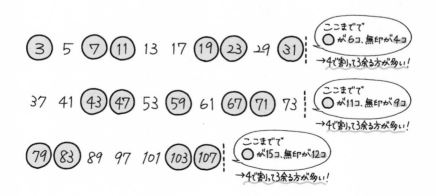

イデアル

クンマーが発見したイデアルの定義を説明します．まず，数を，単独の元ではなく，「その数の倍数の全体」という集合を表すものであるとみなします．たとえば，2という数は「2の倍数の全体」，3という数は「3の倍数の全体」という集合であり，これらは整数全体の集合の部分集合です．これらの集合を，(2), (3) のように，数にカッコを付けた記号で表します．

整数の部分集合のうち，以下の2つの性質を持つものをイデアルと呼びます．

- 足し算に閉じている（イデアルの元どうしの和や差は再びイデアルに属する）．
- 掛け算に閉じているだけでなく，イデアルの元とイデアルの外の元の積も再びイデアルに属する．

上で述べた (2) や (3) など，「1つの元の倍数の全体」はイデアルになります．そして，整数の世界では「イデアルが『1つの元の倍数の全体』の形に限ること」が証明できます．したがって，0以上のすべての整数にイデアルが対応しており，イデアルは整数と同一視できます．

ところが，column 3で紹介した $a + b\sqrt{-5}$ （a, b は整数）など，整数の拡張である**「代数的整数」**においては，イデアルとして「1つの元の倍数の全体」だけでなく，別の形（複数の元の**線形結合**の全体）のイデアルも存在することがわかります．そういう場合，**素因数分解の一意性**が成り立ちません．つまり，整数論の前提として一意性が成り立っていたのは，実は「素因数分解」ではなく**「素イデアル分解」**だったのです．以上がクンマーの偉大な発見でした．

本文で紹介した入試問題は，このイデアルの考え方から自然に生まれました．整数の代わりに多項式 $f(x)$ を考えます．多項式全体の中で，「$f(a) = 0$ を満たすものの全体」は，各 a ごとにイデアルをなします．「0になる多項式」と他の多項式との積は，また0になるからです．そして多項式の世界で整数と同様に「イデアルは『1つの元の倍元』の形に限る」ことが成り立ちます．すると，イデアルは「ある多項式 $x - a$ の倍元の全体」となります．これが因数定理です．

こんな考えから「a を代入して0になる性質」と「因数 $x - a$ を持つこと」の自然な関係に共感でき，あのような入試問題が自然と生まれたわけです．

優　素数が無数に存在することは，前回，習いましたよね.

ゼータ　「**ユークリッドの定理**」だね.

景子　でも，「素数がランダムかどうか」は，教わらなかったと思います.

ゼータ　はたしてそうかな. 前回学んだことを振り返ってごらん.

景子　まず，素数が無数にあると言っても，同じ無限大の中にも大小の差があることを学びました.

優　その中で，素数の個数は，「ある程度大きな無限大」であることがわかりました.

ゼータ　それは，18世紀の**オイラー**の偉大な発見で，オイラー積を使って証明したね.

景子　それから，「4で割って1余る素数」と「4で割って3余る素数」についてのお話も伺いました.

優　どちらも無数に存在するということでした.

ゼータ　**ディリクレ**の **L 関数**を用いた「**算術級数定理**」だね.

景子　それが，どちらも「同程度に大きな無限大である」という事実も教わったと思います.

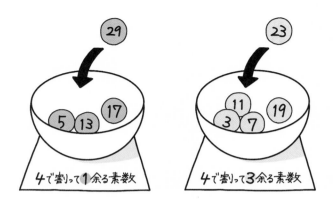

優　「4で割って1余る素数」と「4で割って3余る素数」は，同じ個数だけあるということです.

ゼータ　よく思い出したね. 実は，その事実は，ある意味で「素数のランダム性」の一端を表していると考えられるんだ.

景子　え？　どうしてですか？

ゼータ　もしランダムな数列なら，「4で割った余り」に偏りが生じないはずだからだよ.

優　素数2を除き，4で割った余りは1か3のいずれかになるわけですが，それらが同数というわけですね.

景子　そうすると，その2種類の余りについては，特に傾向のない，不規則な状態であると言えるわけですね.

優　なるほど. 少しランダム的な感じがしてきました.

景子　でも，そもそも素数の配列は，本当にランダムなのでしょうか.

ゼータ　単純な意味で「完全にランダムか」と言うと，それも違うんだ．最低限の規則はあるからね．

景子　たとえば，「3以上のすべての素数は奇数である」とかですか？

優　（スマホを見ながら）ネットで調べると「5以上のすべての素数は，6で割った余りが1または5である」というのが出てきます．

ゼータ　ハハハ．でも，それらはどちらも規則というより，素数の定義のようなものだね．

景子　素数の定義は「自分より小さなどの素数でも割り切れない」ということですね．

優　そうすると，2を除くすべての素数は，2で割り切れないから奇数になるのは当然ですね．

景子　それに，素数が5以上なら，2と3で割り切れないことから，6で割った余りが2, 3, 4になり得ないこともわかります．こんな計算で．

$$6n + 2 = 2(3n + 1)$$
$$6n + 3 = 3(2n + 1)$$
$$6n + 4 = 2(3n + 2)$$

優　だから，余りは1か5に限るわけか．

ゼータ　こういった性質は，ほとんど素数の定義そのものなので，いわば「自明な規則」だ．

景子　「自明な規則」以外の規則はないのでしょうか．

ゼータ そこがポイントなんだ.「自明な規則以外には一切の縛りがなく，素数はランダム的である」という感覚を，多くの人が持っていると思う.

優 でも，ネットには「素数定理」という規則があるからランダムではないと書かれています.

景子 「数が大きいほど素数の間隔が広くなる」と解説してありますね.

ゼータ **素数定理**は「x 以下の素数の個数」を表す $\pi(x)$ という関数に対して，大まかな振舞いを求めた定理だよ.

優 $\pi(x)$ の大まかな形がわかるんですか？

ゼータ 素数定理を式で書くと，こんな風になる.

$$\pi(x) \sim \frac{x}{\log x} \qquad (x \to \infty)$$

ただし，"$\sim$" は「両辺の比の $x \to \infty$ での極限値が1」という意味だよ.

景子 「比が1」は「等しい」と同じことなので，「比の極限値が1」なら「無限大においてほぼ等しい」ということになりますね.

ゼータ x 以下の自然数は約 x 個あるので，そのうち約 $\dfrac{x}{\log x}$ 個が素数だということは，「$\log x$ 個に1個の割合で素数が存在する」ということだよね.

優 なるほど．だから，大きな素数ほど間隔が広くなることを表すわけですね.

景子 数が大きいほど素数の割合が減っていくことは，経験から何となく感じていましたが，それを具体的な数式で表せるとは，すごいですね.

ゼータ 素数定理は1896年に証明された，近代数学の金字塔の1つなんだ．で

もこれは，今話しているランダム性とあまり関係ないともいえる．

優　どうしてですか？

ゼータ　ランダム性は「どれだけたくさんあるか」ではなく「どのようにあるか」だからだよ．「量的分布」と「**質的分布**」と呼ぶ人もいるよ．

景子　どういう意味ですか？

ゼータ　量的分布は「決められた区間に何個の元があるか」で，素数定理がその答えになる．

優　「1からxまで」の区間に，約 $\dfrac{x}{\log x}$ 個の素数があるということですね．

ゼータ　しかし，個数が決まっても，それらが等間隔なのか，それとも不規則なのか，という問題はあるよね．

優　100個なのか1000個なのか，といった量的な議論とは別に，「どのような散らばり方か」という問題ですね．

景子　それを「質的分布」と呼ぶわけですか．

ゼータ　これはあくまで便宜的な呼び名で，きちんと定義された用語ではないけどね．

優　でも，雰囲気は何となくわかります．

景子　そうすると，「**量的分布**」と「質的分布」の2つは，別々の問題なんですか？

ゼータ　いや，完全に異なるわけじゃない．この分け方は，あくまで人間の感覚的なものだよ．

優　　また感覚ですか？　意外です．

ゼータ　実際，もし $\pi(x)$ が，すべての x に対して完全に求まれば，素数の全貌がわかるから，あらゆる問題は解決するともいえる．

景子　　素数の個数 $\pi(x)$ という量的な道具を使って，質的な分布も完全にわかるわけですね．

ゼータ　でも，実際には $\pi(x)$ は完全にわかるわけじゃなくて，近似式が求まるだけなんだ．

優　　そうすると，「大まかな数量」がわかるだけだから，「どのようにあるか」という質的分布の問題が残るわけですか．

ゼータ　ひとつの例で説明しよう．原因不明の感染症が，世界の各国で流行してきたとする．

景子　　怖いですね．伝染病ですか？

ゼータ　いや，それがまだわからなくて，まずそれを突き止めるところから始めなくてはならない．

優　　伝染病ではなく，人から人へはうつらないけれども，大気や水などに存在する病原体が体内に侵入して感染する病気もあり得ますからね．

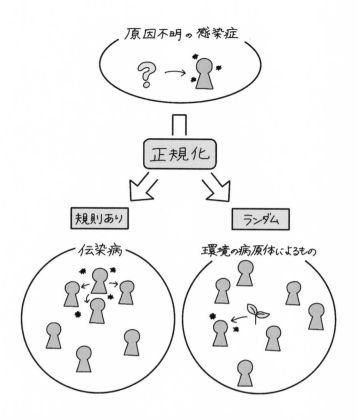

ゼータ それを調べるために，普通はまず，感染者の分布を調べるよね．

景子 感染者の周辺に感染者が多ければ，伝染病である可能性が高まりますね．

優 逆に，ランダムに感染が発症すれば，伝染病ではなく，大気や水などの環境中に病原体が存在している可能性が疑われます．

ゼータ 統計としてまず出るのは，国別とか都道府県別の感染者数だよね．

優 大雑把な動向を把握することから始めなくてはなりませんね．

景子　「この地域は感染者数が何名」というデータを集積することになりますね.

優　感染者数が多い地域と少ない地域がわかれば, 病気の原因を知る手がかりになるかもしれません.

ゼータ　さてここで本題に戻ろう. 素数定理は, まさにこの段階に相当するといえるんだよ.

景子　どういうことでしょうか?

ゼータ　「この地域に感染者が多い」は「小さな数からなる区間に素数が多い」という状況に似ている. ランダムかどうかはわからないんだ.

優　そもそも, 人口が多い地域なら, 感染者数も多くて当然ですよね.

景子　単なる数値でなく「単位人口あたり」の統計が必要です. よく「人口10万人あたり」という報道を見ますよ.

ゼータ　それも大事な点だね. 「単位○○あたり」という考え方を, 数学では, **正規化**と呼ぶ. 素数の研究でもよく用いるよ.

優　どんなふうに用いますか?

ゼータ　さっきの素数定理は「$\log x$ 個に1個の割合で素数が存在する」ということだったよね.

景子　「x が大きいほど, 素数がまれにしか現れない」ということが, 素数定理からわかりました.

ゼータ　この場合, 正規化は「すべての数を $\log x$ で割る」という操作を指す.

数直線の縮尺を変えることだよ.

優　整数を $\log x$ で割ったら,整数になりませんね.

ゼータ　それでも構わない.各素数を $\log x$ で割って得られる実数の分布が「規則的か,それともランダム的か」を考えるんだ.

景子　素数列を $\log x$ で割った数列は,「長さ 1 の区間に平均 1 個の元がある」という状況になりますね.

優　もともと「長さ $\log x$ の区間に平均 1 個の素数がある」という状況から,全体の縮尺を $1/\log x$ にしたので,そうなります.

ゼータ　これが,素数の研究で用いる正規化だよ.「単位長さあたりの個数」をそろえた上で,分布の規則性やランダム性を考えるということだ.

景子　もともとの「個数」の傾向が大まかにわかっても,ランダム性の問題は残るわけですね.

優　僕がネットで見つけた「素数定理があるから素数の分布はランダムではない」という記述は,間違いなのでしょうか.

ゼータ　決して間違いではないけど,数学者が興味を持つ「素数のランダム性」とは別のことになるね.

景子　先ほど「自明な規則以外の縛りがない」とおっしゃっていましたが,「大きな数ほど素数がまれになる」のは自明といえるのでしょうか.

ゼータ　素数の定義から直ちに証明できるわけではないけれど,感覚的には「自明に近い現象」と言って良いと思うよ.

優　またしても，感覚なのですね.

景子　「自明な規則」も「ランダム」も，数学的にきちんと定義されるものではないところが，面白いですね.

ゼータ　研究の発端は，そういう素朴な問題意識から生まれるのだろうね.

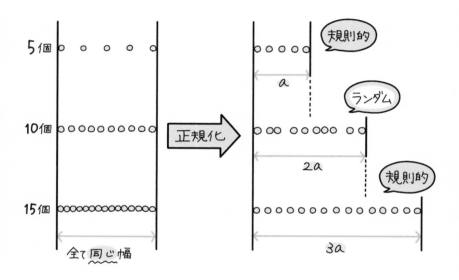

AIと素数

本文で優くんがネット上に見つけたという「素数の分布はランダムではない」という記述は，具体的にどんなサイトに見られるのでしょうか．最近，AI技術の発達により，ネット上でAIが質問に答えてくれる対話型のサービス（ChatGPTなど）が話題になっています．一例として，以下に私がChatGPTに「素数の分布はランダムですか？」と質問して得た回答を，原文のまま紹介します．

> 　素数の分布はランダムではありません．素数の分布にはいくつかの規則性があり，それを説明するために数学的なモデルが存在します.
> 　素数の分布における最も基本的な規則性は，素数が大きくなるにつれて間隔が広がっていくことです．つまり，素数同士の間隔は徐々に大きくなります．この現象は，素数定理と呼ばれる有名な数学定理によって正確に表現されます.
> 　また，素数はある程度の規則的なパターンで現れることがあります．例えば，3以上のすべての素数は奇数であるということ，また，3を除く全ての素数は6の倍数の±1の形で表せるということが知られています．また，素数同士の間隔にはある程度の偏りがあり，例えば，$6n-1$と$6n+1$の形の素数の間隔が比較的短いことが知られています.
> 　これらの規則性から，素数の分布はランダムではなく，一定の規則に従っています．しかし，素数がどこに現れるかを正確に予測することは非常に難しいため，素数の分布には不規則性があるともいわれています.

要約すると，AIが主張する「素数の分布がランダムではない根拠」は，以下の3つとなります．

- 素数定理が証明されている.
- 3以上の素数は奇数で，3を除き，6で割った余りは1か5.
- 「$6n-1$と$6n+1$の形の素数の間隔が比較的短い」ということが知られている.

このうち最初の2つは，本文で解説したように，いずれも数学者が抱いてきた「素数はランダムか」という本来の疑問に答えるものではありません．素数定理は元の個数の減少の度合いを示すものですが，正規化によって個数をそろえた上でのランダム性こそが興味の対象です．また，素数を2や6で割った余りが定まることは素数の定義に含まれる「自明な規則」であって，数学者が感じている素朴な疑問「自明な規則以外の規則がない」という意味でのランダム性の解明には役立ちません．

　これに対し，AIが挙げた3つ目の根拠は，一考を要します．ただし，この記述は不正確であり，人間が解釈し直す必要があります．まず，$6n-1$ と $6n+1$ の2つの n は異なります．仮に2つの n が同じとすれば，それら2つの素数の間隔は2に決まりますので，議論の対象になりません．したがって，$6n-1$ は一般の「6で割って5余る素数」を指し，$6n+1$ は一般の「6で割って1余る素数」を指すことになります．そうすると，AIが挙げた命題は

　　　「6で割って5余る素数」と「6で割って1余る素数」の間隔が比較的短い

となりますが，そのような素数の組合せは無数にあり，どれを指しているのか不明です．たとえば，x 以下の素数からなるすべてのそのような組合せに対して間隔の平均をとり，x を限りなく大きくした極限値を求めるといった研究であれば意味があるかもしれませんが，私の知る限り，そうした研究はなされていないと思います．

　では，AIの指摘は，でたらめなのでしょうか．ここで思い出されるのが，2016年にアメリカの数学者オリバーとスンダララジャン，2名によってなされた共同研究（論文は米国科学アカデミー紀要 (Proceedings of the National Academy of Sciences of the USA) 113 巻 (2016) 31号, pp.E4446–E4454に掲載）です．彼らは，素数を自然数で割った余りで分け，連続する2つの素数に対する余りの組合せに見られる傾向を数値計算によって見出し，その理論的な根拠を与える予想を提唱しました．

　これは，本書の後半で解説する「**チェビシェフの偏り**」とならび，「**素数のランダム性**」にまつわる最先端の話題です．後ほど column 7 で詳しく説明します．

第 6 話

双子素数予想の心

景子　前回は，**双子素数予想**についても教わりました．

優　**双子素数**とは「p と $p+2$ がどちらも素数であるような組」のことでしたね．

景子　そういう組が無数に存在することが，双子素数予想でした．

ゼータ　よく覚えているね．では，なぜ「双子素数が無数に存在する」と思えるのか，その理由を思い出せるかな．

優　たしか「足し算と掛け算が余計な干渉をし合わない」というようなことだった気がします．

景子　掛け算的な概念である素数に「2を足す」という足し算の操作を行っても「素数か**合成数**か」は決まらないと．

優　決まらない以上，出現し続ける方が自然だろうということでした．

ゼータ　前回はその性質を「足し算と掛け算の独立性」と呼んだね．でも，なぜ独立性が成り立つと思えるのか，その理由までは踏み込まなかったね．

景子　そのことは，私も少し気になっていました．

優　人に聞かれても理由を説明できない気がします．

ゼータ　実は，それは「人間の直感」なんだよ．突き詰めれば「何となくそんな気がする」ということだ．

優　では，万人が賛成するとは限らないわけですね.

ゼータ　理屈の上ではそうだね. でも，この予想が広く認められているということは，人の心に共通する何かがあるということだよね.

景子　それが「足し算と掛け算が余計な干渉をし合わないだろう」という感覚なのですね.

優　まさに「論理の先にあるもの」ですね.

ゼータ　これこそ，人間の感性なのだろうね. そして，その感覚は「ABC予想」とも共通するんだ.

優　前回の別れ際に「次回は**ABC予想**について解説してあげる」とおっしゃっていましたよね.

ゼータ　うん. 実は，今回のテーマは「ABC予想の先にあるもの」と言い換えることもできるんだ.

景子　「ABC予想」は，今回のキーワードの「ランダム性」に関係あるのですか？

ゼータ　実は，ABC予想もまた「**足し算と掛け算の独立性**」を表しているんだ. このことは後で詳しく話すよ.

景子　ABC予想には，双子素数予想と同じ背景があるのですね.

ゼータ　そして，「足し算と掛け算の独立性」は，今日のテーマである「ランダム性」の一種と考えられるんだ.

優　どうしてですか？

ゼータ 　仮に，独立性が成り立たず，双子素数が有限個しかなかったとしよう.

景子 　最大の双子素数が存在するので，それより大きなすべての素数 p に対し，$p+2$ は必ず合成数になりますね.

ゼータ 　そうすると，十分大きなすべての素数 p に対し，「$p+2$ は必ず合成数である」という規則が成り立ってしまう.

優 　規則があるということは，ランダム性や不規則性に反しますね.

景子 　なるほど．だから，「足し算と掛け算の独立性」は，ランダム性の一種なのですね.

ゼータ 　大雑把にいえば，双子素数予想も「素数がランダム的だ」という感覚から来るものと解釈できるんだ.

優 　感覚ですか．「ランダム」はきちんと定義されるものではないのですか？

ゼータ 　ランダムとは「結果の予測がつかないこと」だよね．「曜日がランダム」とは，「何曜日か全くわからない」という意味だ.

景子 　どの曜日も確率 1/7 で起きるわけですね.

優 　たとえば，毎週1回来店するお客さんが，「何曜に行くか決めていない」という状態ですね.

景子 　曜日を決めずに，気まぐれに来店するのが，ランダムですよね.

ゼータ 　未来のことならその解釈でわかるけど，過去だとどうだろう？　たとえば，「先週は木曜に来た」はランダムだろうか？

優　うーん，先週の1つの事実だけを見て，ランダムかどうかを判断するのは難しいですね．

景子　理由があって木曜に来たのか，気まぐれに来たのがたまたま木曜だったのかは，わかりません．

優　どんな気持ちで木曜に来たのかを知らない限り，無理な気がします．

景子　たくさんのデータを集めれば，わかるかもしれませんが．

優　たとえば，1年間の実績を見て，木曜に偏っていないこと，各曜日が1/7ずつ起きていることをチェックするとか？

ゼータ　なるほど．それも1つの手段だね．ただ，回数が同じでも，ランダムとは限らないよね．

景子　規則的に月，火，水，木，金，土，日を順に繰り返していたら，ランダムじゃなくても回数は等しくなりますよね．

ゼータ　春先は毎週月曜，初夏には毎週火曜のように明らかな傾向がある場合も，ランダムとは言えないね．

優　ランダムであると断定するのは，意外と難しいですね．

景子　一見，規則が無いように見えても，よく見ると隠れた規則があるかもしれませんしね．

優　え，一見してわからないような規則って，たとえばどんなのですか？

ゼータ　「月曜の次の週は火曜」とか「水曜が2週連続したら次は土曜」みたいな，条件付きの規則は気づきにくいかもね．

景子　でも逆に，一見，規則があるように見えても，無作為に選んだ結果が偶然そうなった可能性もありますよね．

優　もしそうなら，ランダムですね．そう考えると，ランダムであることを判定するのは，ほとんど不可能な気がしてきます．

ゼータ　「ランダムであること」は，これから起きる未来のことならまだしも，過去に起きて確定した事実には，意味付けが難しいんだよね．

景子　何らかの意図をもって曜日を選んだのか，それとも理由のない気まぐれだったのか，最終的には本人に聞いてみるしかないですよね．

ゼータ　さて，素数に話を戻そう．素数というのは決まった数列だから，その意味では「過去の確定した事実」と似ているよね．

優　なるほど．そうですね．そうすると，ランダムという概念は，意味がないのかな？

ゼータ　そうとも言えるよね．ただ，素数は無数に存在する点が，「過去の事実」と異なるんだ．

景子　無数にあるから，すべての素数について確認することは，そもそも不可能ですね．

ゼータ　だからこそ，予想を立てたり，論証によってそれを証明したりする必要がある．

優　そういう意味では，「未来のこと」にも似ていますね．

景子　個々の数が素数かどうかは確定しているのに，全体としての性質は証明を要するんですね．何だか不思議な感じがします．

優 　不思議で深遠だから,「ランダム」は簡単に定義できないのかもしれませんね.

ゼータ 　それでも,人間は素数に「ランダム」な雰囲気を感じ,その概念を心に描き,それが研究の動機になっているんだよ.

景子 　それこそが,小平先生のおっしゃる「論理ではないこと」なのかもしれませんね.

優 　数学の研究には論理よりも感性が重要だという意味が,だんだんわかってきた気がします.

ゼータ 　さっき,「お客さんが木曜に来た理由を,直接聞いてみるしかない」と言っていたよね.

景子 　ランダムかどうかを確かめるためには,最終的にはそうするしかありません.

ゼータ 　素数も同じで,「なぜそのタイミングで素数が現れたのか」をその素数に聞いてみたい気持ちだよ.

優 　ランダムなのか,それとも理由があるのかということですね.

ゼータ 　たとえば,10000 より大きな最初の素数はいくつだと思う?

景子 　計算すればわかります.10001 から順に,奇数を調べていけば良いですから.

優 　(スマホの電卓アプリで計算して) 10001 は,73 で割り切れるから素数じゃありません.

$$10001 = 73 \times 137$$

景子　10003は，7で割れますね．

$$10003 = 7 \times 1429$$

優　10005は5の倍数だから明らかに違います．10007はどうかな？

景子　（いろいろやってみて）割り切れる素数は無いですね．10007は素数です．

ゼータ　ご苦労様．ではこの10007という素数は，なぜここに現れたのか，それはランダムなのか？

優　今やったのは計算して確かめただけですから，理由については全くわかりません．

ゼータ　具体的に計算する以外の方法で，理論的に「この辺に素数があるべき」という事実がわかると良いんだけどね．

景子　そういう定理はあるのでしょうか．

ゼータ　一応，あるよ．**「ベルトラン・チェビシェフの定理」** というんだ．

整数xが2以上ならば，$x < p < 2x$を満たす素数pがある．

優　$x = 10000$を当てはめると，「1万から2万までの間に素数がある」となりますね．

景子　「2万未満」では，10007と比べてあまりにも粗いですね．

ゼータ　せめて「10100未満に素数がある」くらいのことが，理論的に証明できるといいよね．

優　　それは難しいんですか？

ゼータ　ベルトラン・チェビシェフの定理の精度を上げる研究は，いろいろな
　　　　試みがあるよ．少し説明しよう．

双子素数とAI

ふたごそすう

双子素数予想は，なぜ正しいと信じられているのでしょうか．本文では，その根拠が「足し算と掛け算の独立性」すなわち，「2を加えるという『足し算的な操作』は，素数という『掛け算的な概念』に影響しない」という考えにあるとしました．そして，それは人の心の中から自然発生的に生まれたものであろうと述べました．

はたして，それは本当に人間の感性から純粋に生じたものなのでしょうか．私は，人とAIを比較してみるために，「双子素数予想が成り立つと思われる根拠」について対話型AI（ChatGPT）に聞いてみました．質問文の表現を微妙に変えたり，何度も質問をしたりするたびに回答文が多少は変化しましたが，AIが主張する根拠は，大きく以下の3パターンに分けられることがわかりました．

1. 計算機により，非常に大きな数の双子素数が発見されているから．
2. 双子素数予想を含む，より一般的な予想が信じられているから．
3. 素数は不規則に現れると信じられているから．

いずれも，本書で述べた「足し算と掛け算の関係」とは異なります．1は，たとえどんなに大きな数で計算しても有限個の確認に過ぎず，無数に存在することの根拠にはなりません．そもそも，人が認識する「大きな数」という概念には意味がありません．無限大に比べれば，どんな大きな数も，取るに足らない小さな数となってしまうからです．したがって，1は理論的な根拠としては不適切です．ただ，人が抱く「大きな数で見つかったから無数にありそうだ」という感覚を，もしAIが共有してくれているなら，それは喜ばしいことかもしれません．実際には，世界中の膨大な文献の中に，1の内容を双子素数予想の根拠として挙げているものがあり，AIはそれを単に受け売りしているのだと思われます．

次に，2についてですが，このタイプの会話は研究者の間でしばしば交わされます．たとえば「リーマン予想が成り立つ根拠」を問われたときに，「多種多様なゼータ関数に対してリーマン予想の一般化の成立が信じられているので，元のリーマン予想が不成立であるはずがない」と答えることはあり得ます．ただ，こ

うした議論は，もとの予想そのものの根拠としては弱いです．

　まず第一に，これはもとの質問に対する本質的な答えになっていません．あなたの友人が受験生で，成績優秀で合格が確実視されているとしましょう．2の回答は，「彼（彼女）が一次試験を通過できるか」という質問に対し，あなたが「通過できる」と答え，その理由を「一次試験どころか，二次試験も突破し合格することが確実だから」と挙げるようなものです．たしかに，「二次試験の突破」が成り立てば「一次試験の通過」は必然的に成り立つので，この論法は理論的に間違いではないのですが，本来の根拠は「彼（彼女）の学力が高いこと」であり，こうした本質的な理由に触れないのは，回答として不十分です．

　そして第二に，2の論証における主従関係は，理論的に正解でも感覚的にはむしろ逆です．そもそも「一般化された予想」ができた理由は，「元の予想」を信じたからです．多くの場合，数学では「元の予想」を信じ，それを拡張して「一般化された予想」を生み出します．論理的な主従関係は「一般化 ⇒ 元の予想」ですが，「なぜ信じられるか」といった，いわば感性の部分は「元の予想 ⇒ 一般化」なのです．初めて「双子素数」を知った人が「無数にありそうだな」と感じる，その素朴な理由を知りたいわけです．それこそが萌芽の瞬間であり，研究に必要な精神であるわけです．したがって，研究者の立場から見ると，AIの挙げた2つ目の根拠も，本質から目をそらした弱いものに感じられます．

　これに対し，3は，本来の疑問に少し答えていると思われます．素数が不規則なので，「素数に2を加えた数」も素数になる可能性があり続けるだろうという考えです．これは，本文で述べた内容と共通しています．ただ，column 5 で述べたように，その一方でAIは「素数はランダムではない」と明言しています．ランダムではないから最低限の規則はあるけれども，「2を加える」という操作はその規則に影響しない……これが恐らく回答3の意味するところなのでしょう．

　そしてそれをもう1つ突き詰めて「2を加える操作がなぜ影響しないのか」に答えたのが，本文で述べた「足し算と掛け算の独立性」「足し算と掛け算が余計な干渉をし合わない」という考えなのです．この考えは人の心に根源的に宿っているものであり，論理から来るものではないと思われます．したがって，これを，もう一段階さかのぼって「なぜそう思えるのか」と聞かれても，答えられません．「AIは人間の感情の部分までは触れられなかった」と，そんな解釈が成り立つような気がします．

第 7 話

素数はいつ現れるか

優 「ベルトラン・チェビシェフの定理」の精度を上げるということは，この定理の $2x$ を小さくするということですね．

> 整数 x が 2 以上ならば，$x < p < 2x$ を満たす素数 p がある．

ゼータ こういう研究は日進月歩だけど，今のところ最新の結果は，2018 年にフランスの**デザルト**という数学者によって得られた進展[*1]かな．

景子 $2x$ をどんな数に改良したのですか？

ゼータ こんな式だ．ただし，log は自然対数を表す．

$$x + \frac{x}{5000(\log x)^2}$$

優 これは，$2x$ よりも小さいのでしょうか．ちょっとわかりにくいですね．

ゼータ ただ，この定理にはこんな条件が付いている．

x は，4 億 6899 万 1632 以上であるとする

景子 かなり大きい x に限った話なのですね．

優 「4 億 6899 万 1632」を下げて，もう少し普通の数で成り立つようにする研究はないんですか？

[*1] Pierre Dusart "Explicit estimates of some functions over primes" Ramanujan Journal **45** (2018) 227–251.

ゼータ　それは，あまり必要ないと考えられているよ．

景子　それ以下の x については，計算機で求めればわかるということですか？

ゼータ　4億くらいなら，それで全く問題ないといえるね．

優　パソコンでもすぐに計算できるのですね．

ゼータ　実は，この定理の前に 2016 年に**デュデック**という人によって証明されていた定理[*2]があったのだけど，そこにはこんな条件が付いていた．

$$x は，e^{e^{33.3}} 以上であるとする$$

景子　e は自然対数の底で $e = 2.71828\cdots$ ですね．

優　$x = e^{e^{33.3}}$ は，どれくらい大きいのでしょうか．

ゼータ　まず大まかな桁数を求めるために，常用対数を概算してみてごらん．

景子　底の変換公式を使えば，常用対数の式を立てられます．

$$\log_{10} x = \frac{\log x}{\log 10}$$

優　（スマホの関数電卓アプリで）$\log 10 = 2.3\cdots$ ですから，こうなりますね．

$$\log_{10} x = \frac{\log x}{2.3\cdots} = (0.43\cdots) \log x$$

景子　$x = e^{e^{33.3}}$ を代入すると，常用対数の値がわかります．

$$\log_{10} x = (0.43\cdots)e^{33.3} = (9.2\cdots) \times 10^{13}$$

[*2] Adrian W. Dudek "An explicit result for primes between cubes" Functiones et Approximatio Commentarii Mathematici **55** (2016) 177–197.

優 9.2を約10と考えれば，これは，約10^{14}ですね．

景子 xは，10^{14}ケタくらいの数ということになりますね．

優 「10^7の2乗」なので，「1千万の1千万倍」という桁数になります．

景子 これって，めちゃくちゃ大きくないですか？

ゼータ 実はそうなんだ．これはあくまで桁数だからね．たとえば「xが1億」でも桁数はわずか9だよね．

優 桁数が「1千万の1千万倍」ということは，計算不可能なレベルでしょうか．

ゼータ さすがにどんな計算機でも無理だね．

景子 最初に挙げたデザルトの定理の条件「4億6899万1632以上」が可愛く見えてきました．9桁ですから．

優 デザルトの条件は，パソコンで計算できるレベルまで改善されたものなのですね．

ゼータ この種の定理は「ある数以上のすべてのx」について証明することが重要だけど，その中でもデザルトの条件は満足いくものだね．

景子 それにしても，どちらの定理も，無数のxに対して，理論的に素数が存在する区間を求めたわけですから，すごいですね．

優 デザルトの定理で，素数が存在する区間の長さは，$\dfrac{x}{5000(\log x)^2}$ ですが，これはどれくらい大きな値なのでしょうか．

景子 ベルトラン・チェビシェフの定理を改善するには，この長さの値がxよりも小さければ良いですね．

ゼータ 定理の条件「4億6899万1632以上」を満たす例として，「xが10億」の場合を考えてみようか．

優 （電卓アプリで）$x = 10^9$を代入すると，第2項はこうなります．

$$\frac{10^9}{5000 \times (\log 10^9)^2} = \frac{10^9}{5000 \times 429.45 \cdots} = 465.70 \cdots$$

ゼータ 意外と現実的な数になったと思わないかい．

景子 そうですね．こんな命題が証明できたことになります．

10億以降の最初の素数は，10億465以下である

優　　465は，10億に比べればとても小さいですよね．

ゼータ　十分満足いく結論だよね．

景子　　先生はさっき，「1万以降の素数が1万100以下にあること」を示せれ
　　　　ば，とおっしゃっていましたが，それに匹敵する結果ですね．

ゼータ　それをはるかに上回る精度といっていいよね．

優　　　「1万」が定理の仮定を満たさないので，直接適用できないのが少し心
　　　　残りですけど．

景子　　でも，10億でここまで精度が良いのは画期的ですね．

優　　　デザルトやデュデックは，どうやってこのような定理を証明したので
　　　　しょうか．

ゼータ　**ゼータ関数**を使ったんだよ．

景子　ゼータ関数は，前回のお話でも習いましたね．

優　恥ずかしながら，細かいところは覚えていないのですが．

ゼータ　ゼータ関数は，今日の話の後半のテーマだから，そのときにもう一度詳しく説明するよ．ここでは大まかな方針だけ話しておくね．

景子　ぜひお願いします．

ゼータ　ゼータ関数は「素数全体にわたる積」として表される関数なんだ．

ゼータ関数 ＝ 素数全体にわたる積

景子　前回，これを「**オイラー積**」と呼んだことを覚えています．

ゼータ　一方，ゼータ関数は因数分解ができる．因数定理を思い出そう．

優　また因数定理ですか．さっき入試問題のところで出てきたばかりなので，さすがに覚えていますけど．

景子　$f(x)$ を多項式としたとき，「$f(a) = 0$ ならば，$f(x)$ は $x - a$ という因数を持つ」という定理ですね．

ゼータ　$f(x) = 0$ の解は，「$f(x)$ がゼロになる点」なので，「**零点**」と呼ぼう．

優　零点を $a, b, c, \cdots$ と置くと，因数分解はこんな形になりますね．

$$f(x) = (x - a)(x - b)(x - c) \times \cdots$$

ゼータ　右辺は「零点全体にわたる積」の形をしている．つまり，ゼータ関数
　　　　の因数分解はこうなるわけだ．

ゼータ関数 ＝ 零点全体にわたる積

景子　最初の「素数全体にわたる積」の式と合わせると，こうなりますね．

素数全体にわたる積 ＝ 零点全体にわたる積

優　「素数全体」と「零点全体」が結ばれたわけですね．

ゼータ　この式を使って，「零点全体」の性質から「素数全体」の性質を調べる
　　　　ことができるんだ．

景子　素数を知るためには，ゼータ関数の零点を求めればよい，ということ
　　　　になるのですね．

優　要するに，「ゼータ関数＝0」の方程式を解けばよいのですね．

ゼータ　ただし，気を付けなければならないことは，「素数」と「零点」が個別
　　　　に対応しているわけではないということだ．

景子　1つ1つの零点を求めても意味がなく，あくまでも「零点全体」が重要
　　　　なのですね．

優　零点は無数にあるのでしょうか．

ゼータ　無数にあるよ．景子ちゃんがいう通りで，有限個の零点からでは素数
　　　　の性質は全く得られない．

景子　すべての零点を求めることはできないんですよね．

優　n番目の零点を表す公式とか.

ゼータ　それは未解明だね. 零点が存在する範囲をある程度絞るのが「**リーマン予想**」で, 数学最大の未解決問題といわれているよ.

景子　デザルトやデュデックは, ゼータ関数の零点に関する性質の一部を解明して, 定理を証明したのですね.

ゼータ　その性質は, ゼータ関数の零点が満たすうちのごく一部なので, 素数の間隔についてもごく一部が解明された.

優　それが, デザルトやデュデックの定理なのですね.

ゼータ　ともかく, そんな最先端の研究においても数学者は「素数のランダム性」の解明に向けて努力しているわけだ.

■　◆　◆　◇　◇　◆　■　◆　◇　◇　◆

隣り合う素数の偏り

2016年に米国スタンフォード大学の2人の数学者，オリバーとスンダララジャンは，素数を自然数で割った余りで分類し，連続する2つの素数に対する余りの組合せを調べました．たとえば，素数を10で割ったときは次のようになります．

素数	11	13	17	19	23	29	31	⋯
10で割った余り	1	3	7	9	3	9	1	⋯
次の余りとの組合せ	(1,3)	(3,7)	(7,9)	(9,3)	(3,9)	(9,1)	(1,7)	⋯
9で始まる組合せ				×		○		

表の最終行は，余りが9となるものに対し，次の余りが1であるものに○，それ以外のものに×を記してあります．10で割った余りは1, 3, 7, 9があり得ますので，もし素数がランダムなら，4通りの余りがそれぞれ約25%ずつ現れるのが自然であり，○が約25%，×が約75%となるはずです．しかし彼らが1億個の素数に対して計算したところ，○が約32%でした．より詳しくは「余りが9となる素数」の次の素数の余りが1, 3, 7, 9となる回数は，次のようになります．

次の素数の余り	1	3	7	9	合計
発生回数	7991431	6372941	6012739	4622916	25000027
割合（%）	32.0	25.5	24.1	18.5	100.0

3と7の割合は各々約25%で自然ですが，9の割合が約18%（より正確には18.492%）と低く，その分，1の割合が増えています．彼らは，9以外の余りとなる素数についても次の素数の余りを調べ，さらに，10で割った場合だけでなく，あらゆる自然数で割った場合にも「隣り合う余りの組合せ」の傾向を調べました．その結果，膨大な数値計算を経て，いずれの場合にも，上に述べたのと似た偏りが生ずることを見出したのです．そして，そのような偏りが生じる理由を，**ハーディ・リトルウッド予想**という整数論の古典的な予想に基づいて推測し，余りの各組合せが発生する回数を表す漸近式を予想し，この現象に理論的な根拠を与えました．

素数の分布にこのような偏りが生ずることは，彼らによって発見されるまで知られていませんでした．彼らの業績は米国の新聞・雑誌などのメディアで取り上げられ，話題になりました．

　column 5 では，「素数の分布はランダムか」という問いに対し，AI の「ランダムではない」という回答を紹介しました．その根拠の 1 つが「$6n-1$ と $6n+1$ の形の素数の間の間隔が比較的短いから」というものでしたが，文字通りにはこの回答が意味不明であることを説明しました．しかし，もし「間隔が短い」を「隣り合う」と解釈し直し，

　　　「$6n-1$ の形の素数」の次が「$6n+1$ の形の素数」である頻度が高い

と言い換えれば，これはまさにオリバーとスンダララジャンの発見とみなすことができます．AI はこの新発見を踏まえて「素数はランダムでない」と結論付けたのかもしれません．オリバーとスンダララジャンの論文には「6 で割った場合」の言及はありませんが，実際に私が手元のパソコンで 100 万以下の素数について計算してみたところ，6 で割ったときに「余りが 5 となる素数」の次の素数の余りが 1，5 となる回数について，以下のような結果が得られました．

次の素数の余り	1	5	合計
発生回数	189284	143099	332383
割合（%）	56.9	43.1	100.0

　ちなみに「余りが 1 となる素数」の次の余りも調べたところ，これに似た結果となり「1 が約 43%」「5 が約 57%」でした．いずれの結果も「隣り合う 2 つの素数を 6 で割った余りの組合せ」に生じる偏りを表しています．そしてそれは，「自分と異なる余りを持つ素数が隣に来がち」な傾向を示しているのです．

　10 で割った場合に「25% のはずが 32%」であり，6 で割った場合に「50% のはずが 57%」であることは，単純なランダムにしては誤差が大き過ぎるように感じられます．しかし，これはあくまでも「傾向」に過ぎず，全体から見ればそれほど大きな偏りではない「微妙なずれ」であるとの見方もできるでしょう．

　たとえとして適切かどうかわかりませんが，小学校の体育の授業でダンスを習うとき，先生に「男女混ぜ混ぜで 1 列に並びなさい」と言われたら，大概の生徒

は無作為に並びますが，クラスに好きな子がいる生徒は，「この機会に彼（彼女）の隣に並んで手をつなぎたい」と思い，それとなく彼（彼女）の近くに移動する状況に，似ているかもしれません．そのような意図をもって行動する生徒は全体から見れば一部であるうえに，その行為が必ずしも実を結ぶとは限らないので，全体としてはそれほど大きく偏った景色にはならず，大まかには男女がランダムに並んでいるように見えるのですが，よく見ると，純粋なランダムと比較して異性同士が手をつないでいるケースがやや多めであるといった感じです．6で割った場合の「余り1」を女子，「余り5」を男子として，素数が1列に並ぶ様子を想像してみると，この微妙な偏りの雰囲気がわかるかもしれません．

　では，AIの言うように，このような偏りは「素数のランダム性」を否定するものなのでしょうか．それについて，発見者の1人であるスンダララジャンは，米国で著名な理工系オンライン雑誌「Quanta Magazine」のインタビューに応じ，興味深い発言をしています．

　　　私たちは，素数がランダムであることを突き止めるために，
　　　『ランダム』をより明確に定義し直したのです．

　これは数学者の本心であると思います．数学者は「素数のランダム性」に惹かれ，その正体を突き止めることが整数論の究極の目標であると感じているのです．
　本書の後半では，隣り合う素数の組ではなく，個々の素数に関する「チェビシェフの偏り」について解説します．それもまた，ある特有の偏りを表しており，一見，「素数のランダム性」を否定するかに見えるものですが，実はそれが「素数全体のバランスを取るための自然な現象」であることを，深リーマン予想を通して明らかにしていきます．

女子（6で割った余りが1）と 男子（6で割った余りが5）が隣り合って手を繋いでいるケースが多い！

第 8 話

AIにできないこと

え－あい

景子　「双子素数予想」や「素数のランダム性」の根源が，論理ではなく人の感覚から来ているとは驚きました．

優　数学のイメージが変わりました．

ゼータ　そこが数学の面白いところなのかもしれないね．

景子　「将来はAIに仕事を奪われる」という怖い話がありますが，人の営みが残る可能性も，こういうところにあるのかもしれませんね．

優　この間ニュースで見たのですが，最近はAIの発展がすごくて，世界的に問題になっているそうですね．

ゼータ　どんな質問にも瞬時に文章で答えてくれるChatGPTなどの対話型AIが，社会のいろいろな局面で使われ始めているようだね．

景子　教育現場でも問題になっているとニュースでやっていました．レポート課題をAIが一瞬で解いてしまうので．

ゼータ　法学や経済学，教育学，文学などの文科系分野で，論考を記述する課題に対しては，AIの利用価値は高いだろうね．

優　でも，理工系は違いますよね．実験系ならデータが必要ですから，実際に実験をしなければレポートを書けないですし．

景子　理工系でも，与えられたテーマについて考察を述べるような課題では，AIが役立ちそうです．

ゼータ　たしかに，AIを使って文章のとっかかりを得たり，それらしい結論を導くためのヒントを得たりすることはできるだろうね．

優　学生は楽ができそうですね．AIの文章を丸写しする不正行為に，歯止めをかける動きはあるのでしょうか．

ゼータ　その文をAIが書いたかどうかを識別するアプリも開発されているけど，完全な判別は難しいだろうな．

景子　そのままAIの文章を使うのではなく，自分でアレンジするなど工夫してヒントとして用いれば，よりわかりにくいと思います．

ゼータ　実際，上手く活用すれば，学生自身がサボるためでなく，勉強に役立てる方向でAIを利用することもできるだろうね．

優　そういえば，この間，ニュースで見たのですが，AIは，俳句や小説などの文学作品も作れるそうですね．

景子　私も見ました．それに，最近は，好みの画風で絵を描いてくれるアプリも人気があるらしいです．

ゼータ　AIが作った文学作品や絵画は，目を見張るクオリティだよね．あのレベルの作品を人が作るには，才能と膨大な努力が必要だと思うよ．

優　人が創造性を発揮するはずの芸術分野のことまでAIができてしまうなんて，すごいですよね．

景子　なぜ，AIにそんなことができるのでしょうか？

ゼータ　AIは，世界中のネット上に存在している莫大な量の情報を学んでいるんだ．

優　それに似たパターンのものを作っているということですか？

ゼータ　単に真似をするだけじゃなく，過去の実績から「こんなパターンなら高評価が得られる」という傾向を学び，実践しているらしい.

優　ということは，既存のパターンの合わせ技で勝負しているわけですか？

ゼータ　とはいっても，学ぶ量が半端じゃないからね．人が単純に真似をするのとは違うね.

景子　どれくらいの学習量なのでしょうか.

ゼータ　ChatGPT の場合，旧バージョンの総学習量が「45 テラバイト」と公開されている．最新バージョンはもっと大きいだろうね.

優　そういわれても，実感がわきませんね．どれくらい大きいのでしょう.

ゼータ　たとえば，日本版ウィキペディアの全情報量を合わせても「5 ギガバイト」程度だといわれている.

景子　「45 テラバイト」は，その 1 万倍近いですね.

優　そんなに大きいのですか？　気が遠くなりそうです.

景子　たとえ真似でも，それだけ膨大な知識の上に立てば，独自の価値が出てくるのかもしれませんね.

ゼータ　人間が「創造した」と感じるものも，ゼロからいきなり生まれたものじゃなく，まず何かを勉強し，それをもとに得たものだからね.

優　そう考えると，人間が創造する価値がはたしてどこにあるのか，改め

て考えさせられますね.

景子 芸術など創造的な分野でさえAIに活躍されてしまうなら, 人ができることって何なのかなと不安になります.

ゼータ その問題を考えるためには,「創造」を2つに分けて考えたらわかりやすいかもしれないよ.

優 創造に2つの種類があるのですか?

ゼータ あくまで説明のための便宜的な分け方だけど,「0から産み出す創造」と「勉強して得る創造」といったら対比がしやすいかな.

景子 そもそも「創造」は「0から産み出すこと」ではないんですか?

ゼータ もちろん, それは創造の主要な部分だね. それを仮に「第一の創造」と呼ぼう.

優 では, 第二が「勉強して得る創造」ですか?

景子 それは「創造」のイメージと少し違う気もしますが.

ゼータ たとえば絵画なら, 素朴にオリジナルな絵のモチーフを着想し「こんな絵を描こう」と思いつくことが「第一の創造」に当たる.

優 そこまではわかります.

ゼータ しかし, 制作段階で, より質の高い作品を目指して努力していく中で, 最初の着想のみで最後の完成まで到達することはほとんどない.

景子 制作の過程で改善を目指して努力するのは, 画家として当然ですよね.

ゼータ　たとえば，それまでに勉強して得た知識や技法を用いて「こんな画風で描いてみようかな」と方針を変えたりするよね．

優　それが「第二の創造」ですか？

ゼータ　その段階では，見聞や勉強が生きてくるわけだ．だからこそ，芸術大学などで学ぶ意義があるともいえる．

景子　なるほど．一口に「オリジナル」といっても，段階があるのですね．

ゼータ　もちろん，単純に2種類に分けられるわけじゃない．両者の境界ははっきりせず混とんとしていて，作者本人も区別できないと思う．

優　AIの話に戻すと，この2種類の観点から何か言えるんですか？

景子　もしかして，AIには「第一の創造」はできないけれど，「第二の創造」ができるということでしょうか．

ゼータ　さすが景子ちゃん，いい勘だね．AIは「第二の創造」を単にできるだけじゃなく「人の想像を絶するレベルで優れている」ということだよ．

優　そうすると，景子ちゃんの質問「AIにできなくて人にできること」への答えは「第一の創造」ということでしょうか．

ゼータ　そうだね．そこに，AIが代わることのできない，人の仕事の価値を見出していける鍵があると思うよ．

景子　「第一の創造」に希望があるわけですね．

優　そもそも，AIが「第二の創造」をするために学ぶ1つ1つの事柄も，すべて元をたどれば人が「第一の創造」で生み出したものですよね．

景子　でも，もはや世の中に「第一の創造」は必要なくて，今後は「第二の創造」だけで成り立っていくといった心配はないんですか？

優　僕も，それが不安です．もしそうなったら，AIにすべてを奪われてしまうかもしれません．

ゼータ　その心配は要らないよ．実はそれが，今日の話のテーマでもあるんだ．

景子　テーマは「整数の世界に潜むランダム性」でしたよね．

優　そして，それが人の感覚から来ているということでした．

ゼータ　「何となく不規則っぽい」「ランダム的に見える」といった感覚は，AIには持てないからね．

景子　では，「ランダム性」を感じることは，人だけができる「第一の創造」なのですね．

ゼータ　そして，「**コラッツ予想**」や「**素数の偏り**」の解明には，その感覚が必要だったということが，今日の話でわかるんだ．

優　人だけが持つ「第一の創造」が，数学の未解決問題を解くために必要だったわけですね．

景子　「AIは数学者の仕事を奪えない」ということですか．

優　もしそうならすごいことだと思います．安心しました．

ゼータ　AIが作った文学作品や芸術作品を初めて見たときには，完成度の高さに誰もが驚いたと思うけどね．

景子　たしかに，あれは *¹衝撃でしたね．人のオリジナリティが最も必要とされる分野ですら，AIに負けるのかと…

ゼータ　2種類の創造性の違いが最も明確にわかるのは，実は，芸術作品よりも数学なのかもしれないよ．

優　たしかに，芸術作品では判別が付きにくそうですね．

景子　過去の作風を独自に合体させた「第二の創造」のみによる作品なのか，そこに「第一の創造」も込められているのか，ですよね．

ゼータ　数学では，その区別は意外と明確にできるんだ．

優　AIが「第二の創造」だけで解けるような，数学の問題もあるんですか？

ゼータ　あるよ．いくつか試してみたら，大学院の数学専攻の入試問題のうち，問題文が短めのものなら，AIはたちどころに解答を書いたよ．

景子　すごいですね．それは，過去に似た問題が存在していたからですか？

ゼータ　そうだね．AIは数学を理解しているわけではなく，過去の類似問題に対する証明のパターンから「無難な」回答を作っているだけだからね．

優　AIの解答は，合っているのでしょうか．

ゼータ　100％正解とは限らない．でも，並みの学生よりは優秀というのが，私の印象だね．

---

*1　例えば，文学賞で「星新一賞」を獲得したAIと作った小説（https://www.itmedia.co.jp/news/articles/2202/18/news137.html）や，有名写真コンテストで「最優秀賞」を獲得したAI作成画像（作者は受賞辞退，https://www.bbc.com/japanese/features-and-analysis-65308190）などがある．

景子 そんな AI でも「未解決問題までは解けない」というのが，今日の結論なのですね．

優 その根拠が，「第一の創造が必要だから」ですか？

ゼータ 平たくいうと「真に新しいことを生み出すには，人の感性や感情が必要だ」ということになるね．

景子 そんなお話が聞けるなんて，面白そうです．

優 僕も，楽しみにしています．

「第二の創造」の活用

　本文では，創造性に第一と第二の2種類があるとしました．この考えは，私自身の個人的な体験から得たものであり，万人に共通するものではないかもしれません．しかし，数学の研究を志す若い人々が，困難を乗り越えて夢を達成するために，「第二の創造」を上手く活用することは有効であると思います．

　多くの職業がそうであるように，数学の世界もまた厳しいものであり，数学者として身を立てるのは狭き門です．私は30年前に，整数論の世界的権威であるサルナック教授の下で研究するためにプリンストン大学に2年間滞在しました．初回の訪問の際，教授から開口一番に "Few people succeed."（成功する人はほとんどいない）と言われ，この世界の厳しさを感じたことを鮮明に思い出します．

　若い研究者が数学の難しさについていけずに悩むのはよくあることですが，より深刻なのは「自分にオリジナリティがあるのだろうか？」という問題だと思います．仮に，勉強したことがすべて理解できたとしても，それだけでは仕事にならないからです．自分ならではの新たな発想で，これまでに誰も得ていない研究成果を挙げるにはどうしたらいいのか，自分にそんな才能があるのか．それは多くの若手研究者が共通して抱える悩みであると思います．

　今にして振り返ると，私がそんな時期を何とか乗り越えられたのは，「第二の創造」を活用できたからである気がします．自分には未解決問題を解けるほどの数学の才能（＝第一の創造力）はない．だったら，その周辺のことも含めできることは何でもやり，足りない分を補おうと考えました．その「周辺のこと」とは，資料を集めたり，学んだことを整理したりといったいわば「事務的な作業」でした．一見，事務作業に見える労働でも，それを徹底して行うことにより問題が整理され，自分にできそうな隙間が見えてくることは往々にしてあります．それは「第一の創造」で突き進む才能に比べると，自分の理想と少し離れるかもしれませんが，その隙間を埋めているうちに平凡ながらも何がしかの業績が上がり，研究者として命をつなぐことができたように思います．

　「第二の創造」によって生き長らえながら，「第一の創造」を発揮できる機会を虎視眈々と狙っていく．数学者としてそんな生き方もあるように思います．

第1部

ABC予想

ゼータ　数学の定理の中で「良い定理」とはどんな定理か，考えたことがある
かい？

景子　定理に良し悪しがあるんですか？

優　僕には「定理」というだけですごい感じがするけどな．

景子　たとえば，世界的に有名な定理なんかは，「良い定理」に入るのでしょ
うね．

優　でも「悪い定理」というのは，イメージがつかめません．

ゼータ　「悪い」というより「不十分で改善の余地がある」という意味だよ．定
理を証明する数学者の立場になってみれば，わかるかもしれないね．

景子　自分が証明した定理の良し悪しを，どうしたら判断できるでしょうか？

優　もし，誰にも解けなかった難問を自分が解いたら，間違いなく「良い
定理」と言えると思います．

ゼータ　多くの人々が挑戦してきた有名な問題を解けば，たしかに素晴らしい
業績だね．でも，数学の研究はそればかりではないんだよ．

景子　問題を解く以外の研究もあるのですか？

ゼータ　あらかじめ問題があるとは限らないということだよ．

優 　誰も考えたことのない新しい問題を研究するということですか？

ゼータ 　問題を思いつくところに，まず最初のオリジナリティがある．それに，定理は必ずしも問題を解くだけじゃない．

景子 　問題を解く以外に，どんな研究があるのでしょうか．

ゼータ 　新しい概念を思いついたり，誰も想像しなかった定理を発見したりするのは，数学の醍醐味だね．

優 　なるほど．問題自体がオリジナルなので，そもそも「難問」が存在しないのですね．

ゼータ 　そうなんだ．数学の定理の価値は，「他と比べて難しい」とか「世界で一番の難問」とか，そういうことで決まるわけじゃないんだよ．

景子 　他との比較ではなく，その定理だけを見て，純粋に価値を判断できるのでしょうか．

ゼータ 　そこが重要なんだ．数学者は，より良い定理を証明しようと努力しているわけだから，何らかの基準があるわけだよね．

優 　いったい，どんな基準なのでしょうか？

ゼータ 　たとえば，数学の定理の価値を高める要素として「**精密化**」と「**一般化**」があるね．

景子 　精密化はわかる気がします．精度を上げることですよね．

優 　でも，精度って何でしょうか？　理科の実験ならわかるけど，数学にも精度があるんですか？

ゼータ たとえば，「素数はいくつ存在するか」という問題を考えたとする．

景子 答えは「無数に存在する」でしたよね．

優 前回，ゼータ先生から習いました[*1]．

ゼータ 今，まだその正解を習っていないと仮定しよう．

景子 素数が何個あるかわからない状態ですね．

ゼータ そこで，ある人が素朴に素数を調べてみて，とりあえず100個まで挙げることができた．この段階で何がわかると思う？

優 素数の個数が，100以上であることがわかります．

ゼータ そう．「素数は100個以上存在する」という正しい事実を得た．これは数学の定理なんだ．でも，まだ改善の余地がある．

景子 定理が最終的な形になっていないというわけですね．

優 「無数に存在する」が最終形だから，それに近づくように改善すべきということでしょうか．

ゼータ もっと調べ続けて，1000個まで挙げられたら，「素数は1000個以上存在する」という定理になる．

景子 「100個以上」より「1000個以上」の方が，目標に少し近いですね．

ゼータ 「無数に存在する」に比べると，どちらも所詮は有限だから差はわずか

[*1] 前著『「数学をする」ってどういうこと？』第13話「ユークリッドの定理」

だけど，少しは改善したといえるね．

優　「1000個以上」とわかれば，素数の総数が「101から999までの間」の可能性を排除できるわけだから，その分の進歩ですね．

景子　わずかながら，「1000個以上」は「100個以上」の精密化になっているというわけですね．

ゼータ　こんなふうに，数学の定理には「正しいか間違いか」とは別に，「より良い精度であるか」という基準があるんだ．

優　精度を上げることが数学研究の1つの目標であると，理解できました．

景子　では，もう1つの基準である「一般化」とは何ですか？

ゼータ　「より広い場面で成り立つこと」だよ．簡単な例で説明しよう．三角形の面積の公式を知っているよね．

優　小学校で習ったから知っています．こんな式です．

$$(三角形の面積) = (底辺) \times (高さ) \div 2$$

ゼータ　ある小学生が，長方形の面積の公式を習ったとする．

景子　こんな公式ですね．

$$(長方形の面積) = (縦の辺) \times (横の辺)$$

ゼータ　この小学生が，三角形の面積の公式を自分で求めようとして，まず直角三角形に対してこんな公式を発見した．

$$（直角三角形の面積）=（直交する 2 辺の積）÷2$$

優　これは，長方形の面積に関する知識から，証明できるのですね.

景子　長方形を対角線で半分に分けたものが直角三角形だから，たしかに成り立ちますね.

ゼータ　この事実を「定理1」としよう.

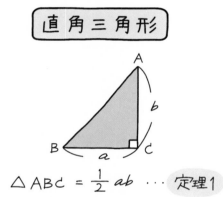

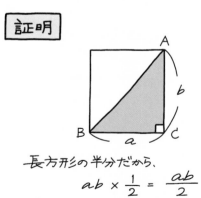

優 定理1は,「直角三角形の面積の公式」ですね.

景子 小学生なのに自分で定理を発見するなんて,立派ですね.

ゼータ たしかに偉い子だけど,この定理は数学的にまだ改善の余地がある.

優 直角三角形でしか成り立たないからでしょうか.

景子 三角形全体の中で見れば,ごく一部しか解決していないことになりますね.

ゼータ そこで「直角」の仮定を外し,他の三角形でも成り立つように定理を拡張することを「一般化」というんだ.

優 一般化するには,証明を新たに考えなくてはなりませんね.

景子 直角三角形でないとき,まず「AがBCの上空にあるとき」が,簡単にわかりますね.

優 そっか. AからBCに下ろした垂線で分ければ,直角三角形が2つできるから定理1が使えます.

ゼータ その垂線の長さが「三角形の高さ」だね. これを h とおこう.

景子 2つに分けた三角形の底辺を a', a'' と置くと,直交する2辺は,a' と h, そして a'' と h だから,面積はこうなりますね.

$$\frac{a'h}{2} + \frac{a''h}{2} = \frac{(a' + a'')h}{2}$$

優 カッコ内の $a' + a''$ は,最初の辺 $a =$ BC のことだから,これは $\frac{ah}{2}$ に等しいです.

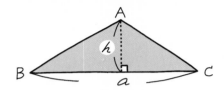

直角でない三角形
（AがBCの上空にあるとき）

$$\triangle ABC = \frac{1}{2}ah \left(=\text{底辺}\times\text{高さ}\div 2\right)$$

$\cdots$ 定理2

証明

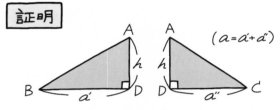

$(a = a' + a'')$

2つの直角三角形の和だから、定理1より、

$$\frac{1}{2}a'h + \frac{1}{2}a''h = \frac{1}{2}(a' + a'')h$$
$$= \frac{1}{2}ah$$

ゼータ これで，「AがBCの上空にあるとき」に，次のような面積の公式が得られたね．

$$\triangle ABC = \frac{1}{2}ah$$

これを定理2としよう．

景子 これで「AがBCの上空にあるとき」に，目標である「三角形の面積の公式」を証明したわけですね．

（三角形の面積）＝（底辺）×（高さ）÷2

ゼータ 定理1は「AがCの真上にあるとき」だから，定理2の「上空」に端っこで含まれるとも解釈できるよね．

優 そうすると，定理1は定理2に含まれますね．

景子 これが定理の「一般化」なのですね．

優 定理1を一般化して定理2が生まれたということですね．

ゼータ 数学の定理は，一般化すればするほど価値が高いとみなされるんだ．定理2を知る者から見れば，定理1は「当たり前」だといえるからね．

景子 でもまだ，目標を完全に達成したわけではないですね．

優 「AがBCの上空にないとき」が残っていますね．

景子 その場合も，さっきと似た考え方でできそうだわ．

優 さっきは，直角三角形を垂線で2つに分割して面積の和を考えたけど，今度は垂線がはみ出してしまって分けられないよ．

景子 でも，はみ出した垂線を使って，三角形は2つの直角三角形の差として表せるので，面積の差を考えれば大丈夫よ．

優 なるほど．垂線の足を再びDと置くと，大きな直角三角形△ABDから小さな直角三角形△ACDを引いたものが元の三角形なんだね．

景子 大きな直角三角形の底辺を a'，小さな直角三角形の底辺を a'' とおけば，面積はこうなりますね．

$$\frac{a'h}{2} - \frac{a''h}{2} = \frac{(a' - a'')h}{2}$$

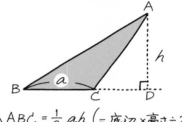

直角でない三角形
（AがBCの上空にないとき）

$$\triangle ABC = \frac{1}{2}ah \left(= 底辺 \times 高さ \div 2\right)$$

… 定理3

証明

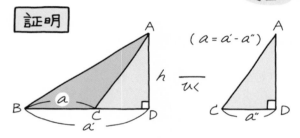

$(a = a' - a'')$

ひく

2つの直角三角形の差だから、定理1より、

$$\frac{1}{2}a'h - \frac{1}{2}a''h = \frac{1}{2}(a' - a'')h$$
$$= \frac{1}{2}ah$$

優　$a = \mathrm{BC}$ だから, $a = a' - a''$ となって, 右辺は $\dfrac{ah}{2}$ になります.

景子　定理2の証明の $a' + a''$ が $a' - a''$ に変わっただけで, それ以外は全く一緒ですね.

ゼータ　「AがBCの上空にないとき」に, 再びこの公式が得られたね. これを定理3と呼ぼう.

$$\triangle ABC = \frac{1}{2}ah$$

優　定理3も定理1の一般化とみなせますね．定理1との境目である「Aが BCの上空ギリギリにあるとき」も同じ証明が成り立つので．

景子　定理1の一般化が，定理2と定理3の2通り得られたのですね．

ゼータ　定理1，2，3を合わせると，すべての場合に面積の公式が証明できた ことになるね．これを定理4と呼ぼう．

優　定理4は，「任意の三角形に対して以下の公式が成り立つ」ということ ですね．

$$（三角形の面積）＝（底辺）×（高さ）÷2$$

景子　定理4は，定理1，定理2，定理3のすべての一般化であるわけですね．

優　定理4を知っている人にとっては，他の3つの定理はどれも当たり前 なわけです．

ゼータ　定理4は，他の3つのどれよりも一般的なので，最も価値が高いこと になるよ．

景子　「良い定理」の意味が少しわかってきました．「精密化」や「一般化」 がされているものほど，良いのですね．

優　精密化はわかりやすいけど，一般化はちょっと奥深い感じがしますね．

景子　数学ならではの，独特な考えにも思えます．

ゼータ　実は，一般化は，定理の良し悪しの基準になるだけじゃない．それと 別の意義もあるんだよ．

2つの創造

column 8 では，数学研究者の「第二の創造」の活用について書きました．では実際に数学者が行っている研究は「第一」と「第二」のどちらが多いのでしょうか．もちろん，こんな統計がこれまで公表されたことはありません．そもそも，この分け方は曖昧なもので，「第一」か「第二」か特定できない研究も多いでしょう．以下に述べることは，私の個人的な見聞と体験に基づいた実感であることを，はじめにお断りしておきます．

私がこれまでに書いた数学の論文は54本[a]で，それらはいずれも何らかの新定理を含みますが，そのうち私が「第一の創造」と自信を持っていえるのは，多めに見積もって4〜5本です．つまり，問題の設定まで含めて真のオリジナルといえるものは1割未満であり，残りの9割は，既知の事項から「証明できて当然」な結論を得た，いわば「第二の創造」によるものでした．

第一と第二の比が「ほぼ1対9」というこの数字は，（私の想像ですが）多くの数学者にだいたい共通するのではないかと思われます．すなわち，大多数の数学研究が「第二の創造」によるところが大きいというのが，私の実感です．

実際に，第二の創造による研究とはどういうものか，私が大学院在学中に初めて書いた論文**「セルバーグ・ゼータ関数の行列式表示」**を例にとり説明します．それは，1987年にサルナック教授によって，ある特殊な場合に発見された定理を，別の場合に一般化した研究でした．サルナック教授が発見したのは「コンパクト」という性質を持つ図形（リーマン面）に関してであり，その証明に，ある公式（跡公式）を用いていました．その公式は1956年にセルバーグ教授が発見し，コンパクトな場合に限らず，非コンパクトな場合にも証明していました．以上の状況をまとめると，次表のようになります．この表は，当時，私が頭の中で描いていた情景を可視化したものです．

	コンパクト	非コンパクト
跡公式	**セルバーグ** (1956)	セルバーグ (1956)
	⇓	⇓
行列式表示	**サルナック** (1987)	?

私の論文は，この表の「？」を埋めたものです．表から，「？」が当時未解決な箇所で，そこを埋めれば新定理が得られたこと．そして，そのために必要な跡公式は既に準備されていたことが，見て取れます．こうしたお膳立ての上に，私は初めての論文を書くことができました．

　以上は，私が大学院生だった時代に指導教官の黒川信重教授のご指導の下で初めて論文を書かせて頂いたときの話ですが，その後も，私は自分で作成した表を埋める方法で，9割の論文を書いてきました．既知の知識を表にまとめ，解けそうな「？」を見出す研究は「第二の創造」といえます．この種の研究によって得られる結論は，既知の定理に似た形をしていることが多く，「驚くべき結果」にはならない場合が大半でしょう．一握りの天才たちを別にすれば，大多数の数学者が，最初はこうした方法で成果を挙げ，その後も引き続きこうした手法で多数の論文を書いていると思われます．これは，私が多くの方々の論文の査読やレビューをしてきた経験から得た印象でもあります．

　これに対し，残りの1割の研究は「第一の創造」によるもので，成果としてこれまでに見たこともないような数式や，誰も想像すらしなかった概念や定理を得ています．私を含む大多数の数学者にとって，そんな論文が書けることは生涯で何度もあることではない，稀な体験であると思います．しかし，真のオリジナリティを発揮して得たものは何物にも代えがたい財産になります．

　数学者という仕事は，AIがいくら発達しても決して揺るがないものであると，私は信じています．それは，本書の主題でもあります．しかし，数学の中でも，最後まで人間の価値として残るのは「第一の創造」であり，「第二の創造」は，将来AIに取って代わられる可能性があると，私は研究の現場で実感しています．

　column 8で，私は若い研究者に「第二の創造」の活用を勧めました．しかし，その一方，研究者として「第一の創造」を追い求める姿勢を失わず，真にオリジナルな研究，真に新たな発見を目指していく必要があることを忘れてはならないと，自戒を込めて思っている次第です．

＊a　アメリカ数学会のデータベース MathSciNet による．査読が完了し掲載が確定したものを含む．

ゼータ 実は，**一般化**の真の意義は，定理の本質がわかることにあるんだ．

優 「定理の本質」とは，何だか高級な雰囲気ですね．

景子 どういう意味ですか？

ゼータ たとえば，小学生が直角三角形の面積を求めた定理1があったよね．

優 直交する2辺の長さを a, b としたときの，この公式ですね．

$$（直角三角形の面積）= \frac{ab}{2}$$

ゼータ もし，一般化を思いつかない小学生が，直角三角形ではない三角形の面積を求めようとしたら，どうするだろうか？

景子 まず，定理1を手がかりに考えてみると思います．

優 いきなり「（底辺）×（高さ）÷2」は思いつかないから，「（隣り合う辺の積）÷2」かなと思うかもしれませんね．

景子 定理1しか知らないと，2辺の積をとる理由がわからないですよね．

ゼータ 定理1の ab は，「隣り合う辺」というより「底辺と高さ」の積だったわけだよね．それが「定理の本質」だよ．

優 なるほど．それは，定理1を一般化して，初めてわかるわけですね．

景子　単に定理1を見ただけでは、「なぜ積をとっているのか」がわからなかったということですね.

ゼータ　定理の一般化によって、表面的な数式だけでなく、その意味もわかったわけだね.

優　これが、最初におっしゃった「一般化の真の意義」ですか. なるほど.

ゼータ　まあ、「隣り合う2辺」の解釈も、必ずしも間違いではないけどね.

景子　そういえば、「隣り合う2辺」を用いた公式を、高校の授業で習いました. 隣り合う2辺の長さが a, b で、なす角が θ のとき、

$$（三角形の面積）= \frac{ab}{2} \sin\theta$$

優　$\theta = 90°$ のときは $\sin\theta = 1$ より、$\frac{ab}{2}$ となり、定理1になるんですね.

ゼータ　この公式は、定理1の「隣り合う」にこだわって、それをそのまま一般化したものといえるね.

景子　定理4とは別の形の一般化なのですね.

優　一般化の方法は、1通りとは限らないのですね.

ゼータ　ただ、この公式も、理由を考えれば「（底辺）×（高さ）÷2」の一種だとわかる.

景子　a が底辺なら、$b\sin\theta$ が高さですからね.

優　$\sin\theta$ の意味を考えれば、この公式が定理4と同じ内容を表していることがわかりますね.

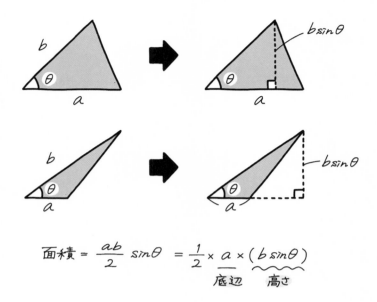

$$面積 = \frac{ab}{2}\sin\theta = \frac{1}{2} \times \underset{\text{底辺}}{a} \times \underset{\text{高さ}}{(b\sin\theta)}$$

ゼータ　同じ内容とはいっても，この公式には表記の面でのメリットはあるよ．

景子　どんなメリットですか？

ゼータ　式が a と b に関して**対称**な形をしていることだよ．

優　b を底辺として，$a\sin\theta$ を高さとみなすこともできるわけですね．

ゼータ　定理1の「直交する2辺」のうち，一方だけを活かして底辺とするのではなく，いわば両方とも活かす発想だね．

景子　その代わり，2辺が挟む角 θ も使うわけですね．

優　そうすると，「隣り合う2辺」にこだわる小学生も，必ずしも間違いとは言えないのですね．

ゼータ 「2辺の長さの積」だけで面積が決まるのではなく，「その間の角」も必要とわかっているなら，正しい一般化の方向にあるだろうね．

景子 一般化の真の意義が，だんだんわかってきた気がします．

優 定理1を定理4のように一般化したおかげで，これだけいろいろな考察ができたわけですからね．

ゼータ 定理1しか知らない小学生が，もしそこで満足して一般化をしなかったら，定理の本質がわからないわけだよね．

景子 一般の三角形の面積が求められないだけでなく，直角三角形に対する真の理解もできないことになりますよね．

優 むしろ，そのことの方が<u>重大</u>かもしれませんね．

ゼータ それが一般化の意義なんだよ．数学の定理はね，一般化すればするほど本質が見えてくるんだ．

景子 全然知りませんでした．

優 そんなこと，考えたことも無かったです．

ゼータ 定理を見たら，仮定や条件がなぜ付いているのか，それらは本当に必要なのか，考えてみるといい．

景子 仮定や条件を外し，それらが無くても成り立つ定理を<u>発見すること</u>が，一般化なのですね．

優 そうすれば，定理の本質がわかってくるのですね．

もう一つの創造

かつて，東京の有明にパナソニックが運営する「リスーピア」という，理数を楽しむテーマパークのような施設がありました．開館は 2006 年．各フロアに理科や数学に関する展示や体験ゾーンなど様々なアトラクションが設けられ，週末には講演や実験などのイベントが催され，好奇心旺盛なたくさんの子供たちが参加していましたが，2020 年に惜しまれつつ閉館しました．

リスーピア数学部門の監修を務めておられたのは，数学者の岡部恒治先生（埼玉大学名誉教授）でした．岡部先生は数学者としてのみならず，数学教育の分野でも著名な方で，日本数学会の教育委員会委員長を務められたほか，一般向けに数学の啓蒙書を単著だけで 20 冊以上，共著書も含めると 50 冊以上執筆されています．中でも「分数ができない大学生」（共著，東洋経済新報社）は社会に問題を提起し話題になりましたので，ご存じの方も多いと思います．

私は一度，リスーピアのイベントを担当させて頂いた際，岡部先生とお話させて頂く機会がありました．その際，数学の教え方に関する「創造性」のお話を伺うことができました．数学を人に伝える際，ときに数学的概念を独自に解釈し直すことが必要であり，それによって新たな式変形の方法や説明の仕方が生まれるといったお話だったと思います．例えるなら，外国語で難解な単語を使って書かれた複雑に入り組んだ文章を，単に和訳するだけでなく，平易な言葉を用いてわかりやすく再構成し，意味を表現する作業です．お話を伺った私は，これはまさに「創造」であると感じました．

そしてこれは，本書で取り上げてきた第一と第二とは別の「第三の創造」であるかもしれません．「わかりやすい再構成」は，豊かな経験と知識があってこそ実現できますが，その前提としてそれを行う者の「本質的な理解」が必要です．これは第一の創造と同じく，AIにできない人間ならではの営みであるように思います．膨大な知識とデータに基づくAIは，決して「本質的な理解」をしているわけではないからです．

リスーピアのイベントから十年以上が経ち，当時は話題になかったAIが大きな影響力を持つようになりました．私は執筆者の1人として，AIに作れない価値を創出すべく，「第三の創造」の実現を目指したいと思っています．

リスーピアは新たに体験型学習施設「Panasonic Creative Museum AkeruE」として
生まれ変わりました.
写真提供：パナソニックセンター東京

ゼータ　一般化のおかげで本質がわかるのは，定理の結論だけじゃない．証明にも言えることなんだ．

景子　**証明の一般化**ですか？

ゼータ　証明の途中で，図形に補助線を引いたり，数式を置き換えたりするけど，それら1つ1つを吟味することが重要なんだよ．

優　なぜその補助線や置き換えが有効なのか，他の方法ではダメなのかを，考える必要があるのですね．

ゼータ　単にその定理を証明するだけなら，そこまでしなくても良いのだけど，証明を一般化すれば，新たな真実が見えてくることもあるからね．

景子　定理が証明できたからといって，それだけで満足しないことが大切なのですね．

優　証明ができてもまだ油断しちゃいけないなんて，厳しい世界ですね．

景子　でも，そうやって1つ1つ考えていくことで，数学を切り拓いていくことができるのかもしれませんね．

優　一般化は難しい挑戦かもしれないけど，その先に新しい道が開けていると思うと，わくわくする気持ちにもなります．

ゼータ　そこで，ユークリッドの証明の一般化の話をしよう．

景子　前回 *1 教えて頂いた「**ユークリッドの定理**」は「素数が無数に存在する」ということでした．その証明のことですか．

優　たしか，「素数の積に1を足す」という操作をするのでしたよね．

ゼータ　よく覚えているね．いくつかの素数，たとえば，2，5，7という3つの素数があったら，それらのすべての積に1を足した数を考えるんだ．

$$2 \times 5 \times 7 + 1 = 71$$

景子　そうすると，この数は2，5，7のどれで割っても1余るから割り切れないので，2，5，7以外の4つ目の素数が存在するというお話でした．

優　最初に素数が何個あっても，この方法で新しい素数の存在が示せるので，素数は無数に存在することが証明できました．

ゼータ　よく思い出したね．これでユークリッドの定理を証明できたわけだけど，この「1を足す」という操作について，改めて考えてみよう．

景子　なぜ1を足しているのか，ということですか．

ゼータ　どうしても1じゃなきゃダメなのか，ということだよ．

優　考えてみれば，2，5，7のどれでも「**割り切れない**」ことが重要なのであって，余りは必ずしも1である必要は無いですね．

景子　1以外の数を足しても，証明は可能ですね．

優　でも，2ではダメですね．2を足した数は72で，2で割り切れてしまいますから．

---

*1　前著『「数学をする」ってどういうこと？』第13話「ユークリッドの定理」

$$2 \times 5 \times 7 + 2 = 72$$

景子 2で割り切れることは，全体が2でくくれることからもわかりますね．

$$2 \times 5 \times 7 + 2 = 2 \times (5 \times 7 + 1)$$

優 同じことは，5や7を足した場合にも言えますね．

$$2 \times 5 \times 7 + 5 = 5 \times (2 \times 7 + 1)$$
$$2 \times 5 \times 7 + 7 = 7 \times (2 \times 5 + 1)$$

景子 足す数が素因数2，5，7をどれか1つでも含んでしまうと，それでくくれるから同じことになります．

優 たとえば，15を足すと，15は素因数の5を含むので，全体が5でくくれます．

$$2 \times 5 \times 7 + 15 = 5 \times (2 \times 7 + 3)$$

ゼータ そうすると，結局，1を足す代わりに，どんな数を足したら証明できるか，わかるかな．

景子 答えは，「素因数2，5，7を含まない数なら，何でも良い」だと思います．

ゼータ 正解だよ．

優 さすが景子ちゃん．これで解決ですね．

ゼータ いや，これで満足してはいけない．まだ2，5，7の例で考えただけだからね．もっと一般の場合に広げて説明してごらん．

景子 そのためには，最初に与えられる素数を文字でおけばいいですね．

優　a, b, c とか，x, y, z のようにですか？

ゼータ　**素数**は英語で **prime** なので，頭文字の p を使う習慣があるよ．

優　では，p, q, r とおきましょうか．

ゼータ　素数が3個ならそれでいいけど，「何個あっても新しい素数が存在する」ことを示すには，3個に限定してはダメだね．

景子　では，n 個あるとして，素数を $p_1, p_2, \cdots, p_n$ とおけばいいですね．

優　あぁ，そういえば，前回もそのようにおきましたね．今思い出しました．

ゼータ　そうすると，ユークリッドの証明の一般化は，どうなるかな．

景子　前回の証明では，n 個の素数の積に1を足していたので，こんな数を考えたのでしたね．

$$p_1 p_2 \cdots p_n + 1$$

優　これが，$p_1, p_2, \cdots, p_n$ の n 個のどれで割っても1余るので，どれでも割り切れないということですね．

景子　だから，n 個のどれも素因数になり得ないので，どれとも異なる $n+1$ 個目の素数が存在するというわけでした．

ゼータ　では，文字を使った書き方で，「1を足した」ところの一般化は，どうなるかな？

優　1の代わりに「$p_1, p_2, \cdots, p_n$ のどれも素因数に持たない数」を足しても良いです．

景子 その数は，$p_1, p_2, \cdots, p_n$ と異なる素数 $q_1, q_2, \cdots, q_m$ を用いて，次のように表せると思います．

$$q_1 q_2 \cdots q_m$$

優 さすがは景子ちゃん．こうやっておけば，「$p_1, p_2, \cdots, p_n$ と，$q_1, q_2, \cdots, q_m$ に共通な元が無い」といえばいいですね．

ゼータ 2人とも，よくできたね，結局，こんな数を考えれば良いわけだよね．

$$p_1 p_2 \cdots p_n + q_1 q_2 \cdots q_m$$

景子 ただし，$p_1, p_2, \cdots, p_n$ と，$q_1, q_2, \cdots, q_m$ は，共通な元が無いような素数たちを表します．

優 この数は，$p_1, p_2, \cdots, p_n$ のどれで割っても割り切れないので，新しい $(n+1)$ 個目の素数の存在が証明できます．

ゼータ この，$p_1 p_2 \cdots p_n + q_1 q_2 \cdots q_m$ こそが，ユークリッドの証明が扱った本質だったわけだね．

景子 こんなふうに証明を一般化したことで，何がわかるのですか？

ゼータ この数を改めてよく見てごらん．何か感じるかい？

優 p たちに q たちが加わったことで，何が変わるのかということですね．うーん．

景子 p だけじゃなく，q についても何か言えるのではないでしょうか．

優 そっか．新しくできた素数は $p_1, p_2, \cdots, p_n$ だけでなく，$q_1, q_2, \cdots, q_m$ のどれとも異なると思います．

景子 そのことは，式が，$p_1, p_2, \cdots, p_n$ と，$q_1, q_2, \cdots, q_m$ に関して**対称**で あることから，わかりますね．

ゼータ たしかに，それは「新しい素数の存在」についての事実だね．では， それ以外に何か感じることがあるかな？

優 うーん，特に何もわからないですね．

景子 この式は，かなり一般的な「掛け算どうしの足し算」の形なので，情 報を得るのは難しいですね．

ゼータ 実は，この式は，それ自体が素数になることもあるかと思えば，たく さんの素因数を持つこともある．実態は謎なんだ．

優 「積の和」ですから，掛け算と足し算を混ぜたものですが，これが謎な のですか．

ゼータ 実は，ここに**整数論**の大きな問題意識があるんだ．この式こそ，数々 の未解決問題の宝庫ともいえるんだよ．

$$p_1 p_2 \cdots p_n + q_1 q_2 \cdots q_m$$

景子 足し算と掛け算だけからなる単純な式なのに，意外ですね．

ゼータ たとえば，$n = m = 1$ のとき，この式はどうなる？

優 $p_1 + q_1$ となりますから「2つの素数の和」ですね．

ゼータ ここで，$q_1 = 2$ とすると，どうなるかな．

景子 $p_1 + 2$ になります．

優　　「素数に2を足した数」ですね．あれ，どこかで見たような．

ゼータ　そう．これは，双子素数予想が扱う数だよね．「この数が無限回素数になる」が，双子素数予想だね．

景子　なるほど．他の未解決問題も，この枠組みで考えられるのですか？

ゼータ　たとえば，フェルマーの最終定理もそうだよ．

「素数を作ろう」

　column 10 で触れた，私がリスーピアで関わらせて頂いた数学イベントについて詳しくお話します．それは，2010 年 3 月に東京工業大学の黒川信重教授（現・名誉教授）にお声がけを頂き，ご協力させて頂いた「素数を作ろう」というワークショップでした．そのイベントは，土日の 2 日間，各日 2 ステージずつ，合計 4 ステージ催されました．対象は小学生で，各回 50 名限定でしたが早い段階から予約で満席になり，素数の人気の高さをうかがい知ることができました．

　イベントの企画は，本書でも紹介している「ユークリッドの方法」を使った実験でした．最初に各自の好きな素数からスタートし，電卓を使って「すべての素数を掛けて 1 を足して素因数分解する」というプロセスを繰り返すことにより，実際に新しい素数を次々に作っていく試みです．大きな素数を発見できた人には，ステージに登壇してもらい，ホワイトボードで発表してもらいました．

　各テーブルでは，参加者の小学生に同伴の親御さんたちも計算に加わり，素数づくりに励んでいました．何度かやるうちに電卓で扱いきれない巨大な数が出れば終了となります．しかし，実際には，そうなる以前に素因数分解で行き詰まるケースがほとんどでした．たとえば，7 桁の数（百万〜1 千万程度）でも，3〜4 桁の素因数からなる場合，電卓で素因数を見つけるのは非常に困難であり，ほとんど不可能といえます．たとえば，こんな分解です．

$$8915971 = 2971 \times 3001$$

　素因数を見つけるには，小さな素数から順番に割っていくしかありません．2, 3, 5, 7 で割り切れなければ 2 ケタの素数で試すことになり，11, 13, 17, 19 でも割り切れないと，20 台に突入します．これくらいでだいたい，多くの大人の方々は行き詰まり，「もっと効率的な方法はないのか」と止まってしまうのでした．興味深かったのは，子供たちが一心不乱に計算を進めていたことです．そして，彼らの方が，大人たちよりもずっと大きな素数を発見していました．

　素因数分解には効率的な方法が無く，それは数学者が感じる素数の魅力でもあるわけですが，私には，そんな素数の魅力が子供の純粋な好奇心を受け止めているかのように感じられ，なんだか嬉しくなりました．

景子　たしか，フェルマーの最終定理は，解かれるまで300年以上かかった有名な問題ですよね．

ゼータ　1995年に**ワイルズ**教授によって証明されたね．**フェルマー**が書き残した最初の記録が1637年頃だから，ほぼ360年後ということになるね．

優　**フェルマーの最終定理**は，どんな定理ですか？

ゼータ　「N が3以上の整数のとき，次式を満たす自然数 x, y, z は存在しない」という定理だよ．

$$x^N + y^N = z^N$$

景子　式を使わずに表現すれば，「N 乗数の和が N 乗数になることは決してない」とも言えますね．

優　「N 乗数」とは，「整数の N 乗」の形をした数のことですね．

ゼータ　$N = 2, 3$ のときは，「2乗数」「3乗数」の代わりに「平方数」「立方数」ともいうよ．

景子　もし $N = 2$ なら，これは三平方の定理でおなじみの式で，たくさんの解がありますね．こんなふうに．

$$3^2 + 4^2 = 5^2, \qquad 5^2 + 12^2 = 13^2, \qquad 8^2 + 15^2 = 17^2$$

ゼータ　$N = 2$ のときの解は無数にあることも，知られているよ．

優　　それなのに，N が3以上になると，急に1つも解が無くなるなんて，極端ですね.

景子　N が大きくなると，N 乗数が急に少なくなるからだと思うわ.

優　　たとえば100以下だと，$N = 2$ のとき，平方数は 1^2 から 10^2 まで10個あるね.

景子　$N = 3$ なら，立方数は 1^3 から $4^3 = 64$ までの4個ね．$5^3 = 125$ は100を超えてしまうから.

優　　$N = 4$ なら，4乗数は 1^4 から $3^4 = 81$ までの3個となるね.

景子　$N = 5$ なら，5乗数は 1^5 から $2^5 = 32$ の2個だけだわ．$3^5 = 243 > 100$ だと.

優　　そうすると，100以下の N 乗数は，$N = 2, 3, 4, 5$ に対して，10個，4個，3個，2個となるね．たしかにどんどん少なくなっている.

ゼータ　N 乗数は，N が大きいほど「稀少な数」「珍しい数」ということになるね.

景子　稀少なものどうしの和が，たまたま再びその性質を持つことはめったに起こらないし，N が大きいほど起こりにくいと思うわ.

優　　なるほど．フェルマーの最終定理の「3以上」という条件は，そういう意味だったんだね.

ゼータ　今，景子ちゃんが「たまたまその性質を持つ」と言ったけど，実は，その感覚が重要なんだ．景子ちゃんはなぜそう感じたのかな？

景子　「たまたま」と言ったのは，「N乗数どうしの和」がN乗数になりそうな理由が特に無かったからです.

ゼータ　そう．たとえば，もし和でなくて「N乗数どうしの積」だったら，必ずN乗数になるよね.

優　簡単な計算で，たしかにそうなりますね.

$$x^N y^N = (xy)^N$$

ゼータ　N乗数になるための，こんなふうに明らかな根拠が，和の場合には無いということだよね.

景子　そうですね．そういう理由がなかったので，「たまたま」と言いました.

ゼータ　それはある意味「整数の世界に潜む**ランダム性**」を表しているといえるんだ.

優　双子素数予想のときと似ていますね.

景子　双子素数予想は，「素数に2を足す」という操作が，「素数であるかないか」の結果に影響を及ぼさないという考えでしたね.

ゼータ　「N乗数にN乗数を足す」という操作が，「N乗数であるかないか」の結果に影響を及ぼさないという感じになるね.

優　でも，もしランダムなら，ある確率で「N乗数になる」ことも起きるのではないでしょうか.

景子　たしかに，数は無数にあるので，もしランダムなら，ずっと先の方でいつか，たまたまN乗数になる可能性もありそうですね.

ゼータ 先になればなるほど N 乗数はまばらになり，N 乗数が出現する確率は どんどん小さくなる．数の大きさと確率の減少のバランスが問題だね．

景子 N が大きいほどその確率が減少する度合いが激しくなり，いつか解が 無くなるということですね．

優 そうすると，フェルマーの最終定理も，ある意味の「ランダム性」を 表していたのですね．

ゼータ そして，それは，ユークリッドの証明の一般化で得ていた数の特別な 場合だよね．

$$p_1 p_2 \cdots p_n + q_1 q_2 \cdots q_m$$

景子 $p_1, p_2, \cdots, p_n$ の中に同じ素数があっても良いのですか？

ゼータ それは問題ないよね．ユークリッドの証明で，最初に与えられた素数 の積を考えるとき，各素数を何回掛けても良いわけだから．

優 たとえば，$2 \times 5 \times 7 + 1$ の代わりに，$2^2 \times 5^3 \times 7^4 + 1$ を考えても， 全く同じ証明ができるということですね．

景子 そうすると，$p_1, p_2, \cdots, p_n$ の中には同じ素数があっても良くて， $q_1, q_2, \cdots, q_m$ の中にも同じ素数があっても良いわけですね．

ゼータ ただし，$p_1, p_2, \cdots, p_n$ と $q_1, q_2, \cdots, q_m$ には共通するものは無いこと が条件だね．

景子 $p_1, p_2, \cdots, p_n$ の中に同じ素数が N 個ずつ，$q_1, q_2, \cdots, q_m$ の中にも 同じ素数が N 個ずつあれば，フェルマーの最終定理の式になります よね．

優 同じ素数を同じ文字で表せば，こんなふうになります．

$$\underbrace{p_1\cdots p_1}_{N\text{個}}\underbrace{p_2\cdots p_2}_{N\text{個}}\cdots\underbrace{p_n\cdots p_n}_{N\text{個}}+\underbrace{q_1\cdots q_1}_{N\text{個}}\underbrace{q_2\cdots q_2}_{N\text{個}}\cdots\underbrace{q_m\cdots q_m}_{N\text{個}}$$
$$=(p_1\cdots p_n)^N+(q_1\cdots q_m)^N$$

景子 $x=p_1\cdots p_n$ とおき，$y=q_1\cdots q_m$ とおけば，この式は x^N+y^N だから，たしかにフェルマーの式になるわね．

ゼータ ただし，ここでもまだ，$p_1,p_2,\cdots,p_n$ の中に同じ素数があっても良いし，$q_1,q_2,\cdots,q_m$ の中にも同じ素数があっても良いね．

優 たとえば「p_1 が $2N$ 個」「p_2 が $5N$ 個」みたいに，どの素数の個数もすべて N の倍数なら，N 乗数を表せますね．

$$\underbrace{p_1\cdots p_1}_{2N\text{個}}\underbrace{p_2\cdots p_2}_{5N\text{個}}\cdots\underbrace{p_n\cdots p_n}_{3N\text{個}}+\underbrace{q_1\cdots q_1}_{N\text{個}}\underbrace{q_2\cdots q_2}_{4N\text{個}}\cdots\underbrace{q_m\cdots q_m}_{6N\text{個}}$$
$$=(p_1^2 p_2^5\cdots p_n^3)^N+(q_1 q_2^4\cdots q_m^6)^N$$

景子 このときは $x=p_1^2 p_2^5\cdots p_n^3$ で，$y=q_1 q_2^4\cdots q_m^6$ とおけば，この式は x^N+y^N になります．

優 この方式なら，どんな自然数 x,y も表せますね．

景子 結局，**フェルマーの最終定理**も，**ユークリッドの証明の一般化**と同じ式を扱っていたのですね．

$$p_1 p_2\cdots p_n+q_1 q_2\cdots q_m$$

優 ただし，$p_1,p_2,\cdots,p_n$ の中に同じ素数があっても良いし，$q_1,q_2,\cdots,q_m$ の中にも同じ素数があっても良いという設定ですね．

ゼータ　同じ素数を**べき乗**の形でまとめれば，わかりやすいかな．

$$p_1^{e_1} p_2^{e_2} \cdots p_n^{e_n} + q_1^{f_1} q_2^{f_2} \cdots q_m^{f_m}$$

景子　指数の $e_1, e_2, \cdots, e_n$ と $f_1, f_2, \cdots, f_m$ は，すべて自然数ですね．

優　この書き方なら，素数として登場するすべての記号 $p_1, p_2, \cdots, p_n,$
$q_1, q_2 \cdots, q_m$ がどれも異なるので，わかりやすいですね．

数学の神様

　私が所属する東洋大学では，交通費・宿泊費・講演料をすべて大学が負担し，教員を講師として派遣する「全国講師派遣事業」*ᵃを実施しています．私も依頼を受け，大学の業務の一環として，年に数回，全国の高校で講演をさせて頂いています．

　そんな折，「数学に自信が持てない」という悩みを抱えた生徒さんたちに対し，私は，まず数学という学問のとらえ方について，多くの生徒さんたちが抱いている誤解を解くことを試みます．その誤解とは，先生や優秀な友達といった，自分が見習うべき対象は，不出来な自分から見て「上の存在」であるという考えです．

　数学で証明される事実は「絶対的な真実」であり，それ自体が独立して揺るがないものです．「偉い人が言ったから」とか「社会の要請で」といった一過性の理由で存在するものではなく，1万年を経ても揺るがない永遠の真理であり，その恩恵は誰にでも平等に与えられるのです．この絶対的に公平な真実を称し，私は講演中，仮に「数学の神様」と呼ぶことがあります．

　生徒さんたちのよくある誤解とは，先生や優秀な友達が，できない自分と「数学の神様」の間に位置しており，自分はまず彼らのようにならなければいけないのに，それすらできる見込みがないので，到底，数学の神様に近づくことはできない，というものです．

　しかし，これは間違いです．数学の神様から見れば，できない生徒さんも優秀な生徒さんも，先生も数学者ですらも，皆，同じだからです．下界からほんのわずかでも真実に到達しようと努力している小さな存在に過ぎません．

　優秀な人を参考にすることは良いと思います．しかし，数学は人からの押し付けでなく，自分の純粋な思考のみで達成できる稀有な学問であり，自分が到達して得た数学的な真実は，最終的には自分1人の財産になります．他者と比較するのではなく，あくまで数学から目をそらさずに数学を見据えること，これが，数学に自信を持つための第一歩であると，私は思います．

---

*ᵃ https://www.toyo.ac.jp/social-partnership/csc/koza/haken/

よくある誤解

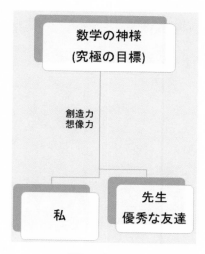

正しいイメージ

景子　ユークリッドの証明の式をこんなふうに一般化しましたが，ここから得られる未解決問題は，他にもありますか？

$$p_1^{e_1} p_2^{e_2} \cdots p_n^{e_n} + q_1^{f_1} q_2^{f_2} \cdots q_m^{f_m}$$

ゼータ　有名なところでは，「平方数に 1 を足した形の素数が無数にあるか？」という問題があるよ．

優　平方数に 1 を足すということは，「$N^2 + 1$ の形の素数」ですか．初めて聞きました．

景子　私も知りませんでした．上の式で第 1 項 $p_1^{e_1} p_2^{e_2} \cdots p_n^{e_n}$ が平方数で，第 2 項 $q_1^{f_1} q_2^{f_2} \cdots q_m^{f_m}$ が 1 のときを考えるわけですね．

優　$m = 0$ とすれば，第 2 項は「素因数が 1 つもない数」なので，1 になります．

$$p_1^{e_1} p_2^{e_2} \cdots p_n^{e_n} + 1$$

景子　第 1 項は，$e_1, e_2, \cdots, e_n$ がすべて偶数なら，N^2 の形になりますね．

優　$e_1 = 2k_1, \cdots, e_n = 2k_n$ とおけば，たしかにそうですね．第 1 項は，$N = p_1^{k_1} p_2^{k_2} \cdots p_n^{k_n}$ の 2 乗になります．

$$p_1^{2k_1} p_2^{2k_2} \cdots p_n^{2k_n} + 1 = (p_1^{k_1} p_2^{k_2} \cdots p_n^{k_n})^2 + 1 = N^2 + 1$$

景子　この「$N^2 + 1$ の形の素数」は無数にあるんですか？

ゼータ 実は，これも有名な未解決問題なんだ．答えは無数だと予想されている．

優 予想に名前は付いているんですか？

ゼータ 「**ランダウの第4問題**」と呼ぶことがあるよ．

景子 **ランダウ**は，人の名前でしょうか．

ゼータ 20世紀初頭に活躍した，整数論の著名な研究者だね．1912年に国際数学者会議で講演し，素数に関する4つの未解決問題を挙げたんだ．

問題1 2より大きい偶数の整数はすべて2つの素数の和として書けるか？（**ゴールドバッハ予想**）

問題2 $p+2$ が素数であるような素数pは無数に存在するか？（**双子素数予想**）

問題3 連続する平方数の間に必ず素数が存在するか？（**ルジャンドル予想**）

問題4 N^2+1 の形の素数は無数に存在するか？

優 ここから「ランダウの第4問題」と呼ばれるようになったのですね．

景子 問題1と問題2は，以前[*1]にお話を伺いましたね．

優 問題3は初めて聞きました．

ゼータ 問題3は「ルジャンドル予想」と呼ばれている．これら4つの問題は，すべて，現在も未解決なんだ．

[*1] 前著『「数学をする」ってどういうこと？』第14話「双子素数予想」，第16話「ゴールドバッハ予想」

景子　前回は，問題1と問題2について，予想を弱めて進展を得る研究のお話を伺いましたが，問題3と問題4でもそれはあるのですか？

ゼータ　問題3では「素数pと次の素数との距離」をpの式で表す研究などがなされているし，問題4では，よりいろいろな「弱め方」があるよ．

優　「N^2+1の形」を弱めるんですか？　ちょっと想像がつきませんが．

ゼータ　たとえば，「2つの平方数の和」となる素数の話を知っているかい？

景子　N^2+M^2の形の素数ですね．本[*2]で読んだことがある気がします．たしか，「4で割って1余る素数」は必ずその形に表せるとか．

ゼータ　それは「**フェルマーの二平方和定理**」として古典的に有名な定理だね．

優　そうすると，N^2+M^2の形の素数が無数に存在することは，昔から知られているわけですね．

景子　そのうち，$M=1$の形の素数が無数に存在することが，問題4ですね．

ゼータ　問題4は，素数が無数に存在する状態で「Mをどこまで小さくできるか」という問題とも，とらえられるんだ．

優　$M=1$を最終目標として，そこに向けて改善していくわけですね．

景子　どんなことが知られているのですか？

---

*2　拙著「数学の力 〜 高校数学で読みとくリーマン予想」（日経サイエンス社）§1.8「平方数の和となる素数」および§3.1「平方数の和となる素数（再考）」

ゼータ M が「N の 0.0595 乗」未満である $N^2 + M^2$ の形の素数が無数にあることが，2001 年に**ハーマン**と**ルイス**によって証明*3 されたよ．

優 「0.0595 乗」とは，何だかすごい言い方ですね．どれくらい小さいのでしょうか．

景子 もし「0 乗」なら 1 ですから予想の解決ですね．0.0595 乗というと，0 乗にかなり近い感じもしますね．

ゼータ （関数電卓で）たとえば，N が 1 億のとき，$N^{0.0595} = 2.992\cdots$ なので，約 3 だね．

優 1 億に対して 3 なら，かなり小さいですね．

ゼータ $N^{0.0595} = 2$ となる N を求めてごらん．

景子 0.0595 の逆数は約 16.80672 ですから，両辺を 16.80672 乗すると，N は約 11 万 4637 となります．

優 実際，N が 11 万 4637 なら $N^{0.0595} = 1.99999922\cdots$ となり，N が 11 万 4638 だと $N^{0.0595} = 2.00000025\cdots$ なので，ここが境目ですね．

ゼータ そうすると，**ハーマンとルイスの定理**で数えている素数は，11 万 4637 以下の N に対しては，$M = 1$ のみだから，$N^2 + 1$ の形をしているね．

景子 その先では，N が 1 億くらいまでは，$M = 1, 2$ に限られますから，$N^2 + 1$ と $N^2 + 4$ の形の素数を数えているわけですね．

---

*3 G. Harman and P. Lewis: Gaussian primes in narrow sectors. Mathematika **48** (2001) 119–135.

ゼータ Nの増大に応じてMの可能性が少しずつ増えていってしまうけど，そんな形の素数が無数に存在することを彼らは証明したわけだ．

優 Nに応じてMを増やすとは，思いつきませんでした．

景子 それにしても，「Nの何乗」という言い方でMを表すのは，意外な感じがします．

ゼータ 実は，ここには数学に特有の感覚があるんだ．この考え方は，今後もよく使うので，少し説明しよう．

優 お願いします．

ゼータ それは，1つ1つの単独の数値を考えるのではなく，**関数**として見たうえで挙動を考えることなんだ．

景子 挙動というと，高校の数IIIで習った「**極限値**」を思い出します．

ゼータ さすが景子ちゃん，いいセンスだね．高校で習うのは，次のような，Nを限りなく大きくしたときの極限を求める問題だよね．

$$\lim_{N \to \infty} \frac{3N^2 + 5N + 1}{5N^2 + 9}$$

優 Nを限りなく大きくすると，分母と分子のそれぞれが，限りなく大きくなりますね．

景子 このままだと，$\frac{無限大}{無限大}$ となって値がわかりませんが，分母分子をN^2で割れば，こんなふうに変形できます．

$$\lim_{N \to \infty} \frac{3N^2 + 5N + 1}{5N^2 + 9} = \lim_{N \to \infty} \frac{3 + 5\frac{1}{N} + \frac{1}{N^2}}{5 + 9\frac{1}{N^2}}$$

優 こうすれば，$\frac{1}{N}$ や $\frac{1}{N^2}$ は 0 に限りなく近くなることから，この値は $\frac{3}{5}$ だとわかりますね．

$$\lim_{N \to \infty} \frac{3N^2 + 5N + 1}{5N^2 + 9} = \frac{3}{5}$$

景子 答えは，最高次の項である N^2 の係数の比になるわけですね．

ゼータ 他の式の場合も同様に考えると，分母と分子の次数が等しい場合は，いつでも最高次の項の係数比になることがわかるね．

優 それに，次数が異なる場合も同じ方法で求められます．まず，分母の次数が高い場合は，極限値は 0 になります．

$$\lim_{N \to \infty} \frac{5N + 1}{5N^2 + 9} = \lim_{N \to \infty} \frac{5\frac{1}{N} + \frac{1}{N^2}}{5 + 9\frac{1}{N^2}} = 0$$

景子 逆に，分子の次数が高い場合は，発散しますね．

$$\lim_{N \to \infty} \frac{3N^2 + 5N + 1}{5N + 9} = \lim_{N \to \infty} \frac{3N + 5 + \frac{1}{N}}{5 + 9\frac{1}{N}} = \infty$$

ゼータ 分数関数の極限は，分母と分子の勝負だと思えばわかりやすいかもしれないね．

優 次数が異なるときは大差となり，次数の高い方が勝つわけですね．

景子 分子が勝てば発散し，分母が勝てば極限値は 0 ですね．

ゼータ それらは，いわば勝負にすらなっていない，比べるまでもないほどの大差だと言えるね．次数が等しいときが，実質的な勝負だよね．

優 その場合，最高次の項の係数の比になるのですね．

景子　最高次の項の係数が等しければ極限値は1で，分母と分子は引き分け
　　　となります．

ゼータ　以上の考察からわかることは，**関数**の挙動は，まず第一に「**次数**」，そ
　　　して第二に「最高次の項の係数」で決まるということなんだよ．

優　　なるほど．ハーマンとルイスの定理を見るとき，そういう観点で解釈
　　　すると価値がわかるのですね．

景子　$N^2 + M^2$ の形の素数が無数に存在するのは，M が「N の何乗」以下
　　　かという，その次数の範囲を絞っているわけですね．

ゼータ　次数を求めたら，次に係数を求める．それは第二の目標ということに
　　　なるね．

優　　ハーマンとルイスの定理では，「N の0.0595乗」の係数が1であるこ
　　　とまで示しているので，第二の目標も達成しているわけですね．

景子　難しいですけど，未解決の問題が少しずつ解明されていく過程を見ら
　　　れるようで，何だか興奮します．

優　　ハーマンとルイスの定理は2001年の業績とのことですから，ここ数
　　　十年のことで，数学の歴史の中では新しい方ですね．

■　◆　◇　◇　◇　■　◇　◇　◇　◇

神様の 小説

　column 12で名付けた「数学の神様」は，絶対的な真理という意味で用いた呼称であり，必ずしも人の形をした偶像を意味してはいませんでした．しかし，数学に触れていると，ときとして「数学の神様に人格が宿り，人間のような営みをしているのではないか」と感じることがあります．

　それは，意外にも通勤電車の中で起こります．私の通勤時間は片道2時間以上ですから，電車内の時間を有効に使うことは重要です．幸い，座れる区間が長いためできることの種類は多く，読書や音楽・動画鑑賞など，様々な選択肢があります．しかし，それらのどれよりも，数学の思索に集中できたとき，最も早く時間が過ぎるように思います．そんなとき，私は，数学こそが最高に充実した過ごし方であると感じます．

　1つのことに没頭してあっという間に時間が過ぎるのは，集中して小説を読みふけるときに似ています．推理小説に没頭し，真犯人が気になって読むのを止められず，最後まで一気に読み切ってしまった経験は，私にもあります．

　しかし，数学と小説には決定的な違いがあります．それは，小説には作者の意図や作為が含まれるということです．作者も人間ですから，筋書きに論理的な欠陥もあり得ますし，読者が納得いかない結末になることもあり得ます．長編小説を苦労して読破した結果，不満足な内容だったら読者は失望するでしょう．読破に要した膨大な時間と労力が無駄だったと感じるかもしれません．読者は，いわばそんなリスクを背負いながら読み進める必要があるわけです．

　しかし，数学は違います．解けないときは，100％自分が悪いのであり，数学の側に欠陥はありません．数百年越しの未解決問題も，私たち人類が至らないから解けないだけであり，数学の側に落ち度はないのです．

　いわば，数学は「神様が書いた完璧な小説」です．完璧だからこそ，私たちはすべての邪念を捨て，全身全霊を込めて集中して取り組めます．

　そして，そんなふうに全力で取り組める相手に出会えることは，人生でも稀な幸運だと思います．完璧な小説の作者である「数学の神様」との出会いに感謝しつつ，今日も私はページを進めていきます．

景子　これまで，ユークリッドの証明の式の一般化を考えてきました．

優　最も一般的な形は，こんな式になりました．

$$p_1^{e_1} p_2^{e_2} \cdots p_n^{e_n} + q_1^{f_1} q_2^{f_2} \cdots q_m^{f_m}$$

景子　ただし，$p_1, p_2, \cdots, p_n$ と $q_1, q_2, \cdots, q_m$ は，素数を表し，すべて異なるとします．

優　そして，$e_1, e_2, \cdots, e_n$ と $f_1, f_2, \cdots, f_m$ は，自然数を表します．

景子　すると，この式が，$p_1, p_2, \cdots, p_n$ と $q_1, q_2, \cdots, q_m$ のどれとも異なる，新しい素数を含むわけです．

ゼータ　この数が「新しい素数を含む」ことまではわかるけど，それ以上は一切，謎に包まれていることを，これまで見てきたわけだね．

優　「新しい素数」が何個含まれるのか，どれくらい重複が起きるのか，といったことですね．

景子　双子素数予想，フェルマーの最終定理，ランダウの第4問題など，多くの未解決問題がこの形に当てはまるんですね．

ゼータ　2つの数 $p_1^{e_1} p_2^{e_2} \cdots p_n^{e_n}$ と $q_1^{f_1} q_2^{f_2} \cdots q_m^{f_m}$ は，どちらも，掛け算の結果だから「**積の一般形**」だよね．

優　どんな自然数もこの形の素因数分解として表示できますから，最も一般的な形ですね.

景子　その2つの数を単に「足しただけ」なのに，足した瞬間に性質がわからなくなるんですね.

ゼータ　こうやって問題意識を広げてみると，個々の未解決問題が非常に特殊な場合を扱っていることがわかるよね.

優　**双子素数予想**は「$n = m = 1$」かつ「$e_1 = f_1 = 1$」かつ「$q_1 = 2$」の場合でしたね.

景子　**フェルマーの最終定理**は「$e_1, ..., e_n, f_1, ..., f_m$ の最大公約数が N」の場合でした.

優　**ランダウの第4問題**は「$m = 0$」かつ「$e_1, ..., e_n$ がすべて偶数」の場合でしたね.

ゼータ　各々の問題が目指している結論は「素数になることが無限回あるか」「N乗数になることが一度でもあるか」など，いろいろだけどね.

景子　そう考えると，個々の特殊な場合を扱うだけでは，謎の全面的な解明に至らない感じがしてきますね.

優　この数が，全体としてどんな性質を持っているのか，一般的なことを知りたい気持ちになります.

ゼータ　そこなんだよ. そうやって考えられたのが，「**ABC予想**」なんだ.

景子　今まで考えてきたことの延長線上に「ABC予想」があるのですね.

優　「ABC予想」は，何を問題にしているのですか？

ゼータ　この数が，どれくらい新しい素数を含むかということだよ．

$$p_1^{e_1} p_2^{e_2} \cdots p_n^{e_n} + q_1^{f_1} q_2^{f_2} \cdots q_m^{f_m}$$

景子　ユークリッドの方法で，これが少なくとも 1 つの新しい素因数を持つことはわかりましたが，さらに先を考えるわけですね．

優　「どのくらい含むか」とは，「何個含むか」という意味ですか？

ゼータ　いや，個数ではなく「新しい素数が，どれくらいを占めるか」ということだよ．

景子　つまり，重複がどれくらい起きるかということでしょうか．

ゼータ　そうだね．フェルマーの最終定理は「すべての素因数の登場回数が N の倍数」といった重複を論じていたけど，その一般化だよ．

景子　全部が「N の倍数」となる以前に，そもそも重複が起きるかどうかに注目するわけですね．

優　重複が起きることは，珍しいのでしょうか．

ゼータ　いい着眼だね．たとえば，「2 のべき乗」＋「3 のべき乗」を，指数が 20〜23 の場合に素因数分解してみると，こんなふうになる．

$$2^{20} + 3^{20} = 41 \times 97 \times 281 \times 3121$$
$$2^{21} + 3^{21} = 5 \times 7^2 \times 463 \times 92233$$
$$2^{22} + 3^{22} = 13 \times 2414250301$$
$$2^{23} + 3^{23} = 5 \times 461 \times 3083 \times 13249$$

景子　素因数の重複はただ1つですね．それも，たったの「2乗」です．

$$2^{21} + 3^{21} = 5 \times 7^2 \times 463 \times 92233$$

優　フェルマーの最終定理は

$$2^{21} + 3^{21} = (ある数)^{21}$$

とはならない，という意味だったけど，左辺がこんな形のとき，その右辺は，そもそも素因数が重複することが稀なわけですね．

景子　そうすると，21個も重複するなんて，まず無さそうですね．

優　上の例を見ても，せいぜい，2個がやっとですからね．

景子　そう考えると，フェルマーの最終定理は「成り立って当たり前」のようにも思えます．

ゼータ　フェルマーの最終定理が示す事実は，整数が織りなす真実よりもずっと手前にある感じだよね．

優　どうしたら真実に近づけますか？

景子　そもそも，最初に足し算するのを「べき乗数」に限定している時点で，特殊な場合に限定していることになりますよね．

ゼータ　その通りだね．実際には，べき乗数じゃなくても状況は同じなんだ．この例を見てごらん．

$$2^{10} \times 7^{10} + 3^{10} \times 5^{10} = 421 \times 2056781581$$
$$2^{11} \times 7^{10} + 3^{11} \times 5^{10} = 193 \times 1163 \times 10284553$$
$$2^{12} \times 7^{10} + 3^{12} \times 5^{10} = 17 \times 61 \times 181 \times 33814457$$
$$2^{13} \times 7^{10} + 3^{13} \times 5^{10} = 962051 \times 18589033$$

$$2^{14} \times 7^{10} + 3^{14} \times 5^{10} = 137 \times 65657 \times 5707249$$
$$2^{15} \times 7^{10} + 3^{15} \times 5^{10} = 11 \times 97 \times 43801 \times 3196321$$

優 これは，2と3の指数を10〜15，7と5の指数を10とした結果の素因数分解ですね．

景子 こんどは重複が全くありませんね．すべての素因数が1乗です．

ゼータ 2の指数と3の指数を揃えないでばらばらにして，まとめた表[1]を挙げよう．

	$a = 10$	$a = 11$	$a = 12$	$a = 13$	$a = 14$	$a = 15$
$b = 10$	421 × 2056781581	139 × 1753 × 4740731	113 × 34913 × 439441	17 × 43 × 67 × 89 × 663161	13 × 33577 × 11923741	11 × 617 × 641 × 2260171
$b = 11$	199 × 313 × 32417773	193 × 1163 × 10284553	1783 × 19417 × 83389	11 × 293 × 7187 × 174583	31 × 541 × 379108321	107 × 102673833001
$b = 12$	13 × 4493 × 93805889	11 × 524396620507	17 × 61 × 181 × 33814457	19 × 2377 × 10169 × 16339	1193 × 22961 × 358417	41 × 11177 × 31523801
$b = 13$	43 × 223 × 1653854959	29 × 577 × 965043319	103 × 162393972493	962051 × 18589033	13 × 37 × 373 × 112576207	24825709506107 （素数）
$b = 14$	41 × 233 × 4919704417	17 × 73 × 38104102297	1061609 × 45087881	107 × 107441 × 4264259	137 × 65657 × 5707249	55964830599857 （素数）
$b = 15$	13 × 67 × 2311 × 6301 × 11071	140704554231827 （素数）	151 × 1423 × 657518923	142440082161683 （素数）	144754119401491 （素数）	11 × 97 × 43801 × 3196321

$2^a \times 7^{10} + 3^b \times 5^{10}$ の素因数分解（$10 \leqq a \leqq 15$ かつ $10 \leqq b \leqq 15$）

優 たしかに，さっきの「2のべき乗」＋「3のべき乗」の場合と，特徴が似ていますね．

ゼータ どんな特徴かな？

---

[1] 拙著「日本一わかりやすいABC予想」（ビジネス教育出版社）p.103 より引用．

景子 　もとの素数 2, 3, 5, 7 が高い指数であったにもかかわらず，結果として得られる素因数の指数は低いということです．

優 　その一方で，元の素因数 2, 3, 5, 7 は小さいのに，結果は大きな素因数を含んでいます．

景子 　たしかに，2桁や3桁の小さな素因数だけからなる数は，無いですね．

ゼータ 　結局，フェルマーの最終定理の「和が N 乗数でないこと」をはるかに超える現象が，整数の世界で成り立っているわけだよね．わかるかな．

優 　まず，N 乗数かどうか以前に，そもそも素因数が重複すること自体が起きにくいですね．

景子 　それに，もともと足す数が「N 乗数どうし」でなく一般の数どうしでも，その状況は変わらないと思います．

ゼータ 　2人ともその通りだよ．そこで，一般の2数の足し算の結果が「重複する素因数をあまり含まないこと」を表したのが「ABC予想」なんだ．

優 　重複を数式で表現するには，どうすればよいのですか？

ゼータ 　重複の無い数を考えて，それと比べるんだ．素因数の重複を除いて指数を1にした数を「**ラディカル**」という．rad という記号で書くよ．

$$\mathrm{rad}(C) = (C\,\text{のすべての異なる素因数の積})$$

景子 　「異なる素因数」に限定しているので，重複が算入されない分，C より小さくなるのですね．

ゼータ そう．ラディカルは，全種類の素因数を陳列したショウウィンドウの
ようなものさ．

優 どの店も，ショウウィンドウには1点ずつしか展示しないけど，店内
には各商品のストックが何個かずつあるわけですね．

景子 それが，各々の自然数がいろいろな個数の素因数を持つことに相当す
るのですね．

ゼータ 自然数を紹介するショウウィンドウ．それが「ラディカル」という語
に込められた思い，いわば「ラディカルの心」だよ．

優 日常語の「ラディカル」には「根本的な」といった意味もありますが，
それとは関係ないのでしょうか．

ゼータ 素因数を持つことを「根本的な性質」と見ることから，この呼び名に
なったのだろうね．

景子 素因数「2」は「偶数」という特徴になりますが，それに比べて「2^2 の
倍数」「2^3 の倍数」などは，インパクトが小さい気がします．

優 素因数の1乗で割れることを「根本的な性質」とみなし，2乗以上で割
れるかどうかは「付加的な性質」とみなす感じでしょうか．

ゼータ そうだね．そんな気持ちから「ラディカル」という言葉が数学用語と
して使われるようになったのだと思うよ．

景子 ところで，ラディカルはもとの数よりもずっと小さくなることがあり
ますよね．

優　たとえば，$C = 2^3 \times 5^2 \times 7 = 1400$ のとき，

$$\mathrm{rad}(C) = 2 \times 5 \times 7 = 70$$

となるので，C よりもかなり小さいですね．

景子　逆に，$C = 2 \times 5 \times 7 = 70$ のように，C の素因数に重複が無ければ，

$$\mathrm{rad}(C) = 2 \times 5 \times 7 = 70 = C$$

となり，C と $\mathrm{rad}(C)$ は等しくなります．

ゼータ　そこで，「素因数の重複がまれにしか起きない」という現象を，「$\mathrm{rad}(C)$ が小さくならない」と数式で表したものが「ABC予想」なんだ．

「ABC予想」の経緯

　「**ABC予想**」は，1980年代にマッサーとオステルレという2名の数学者によって提唱された数学の予想です．整数論分野における最も重要な予想の1つとされ，もしそれが証明されれば，数々の未解決問題が一挙に解決することもわかっています．提唱されてから数十年間，問題解決に向けた大きな動きはありませんでしたが，2012年に京都大学の**望月新一教授**が，証明に成功した旨を自身のウェブサイト上で公表し，世界的なニュースになりました．そして，その論文は8年余りという異例の長い査読期間を経て2021年4月に学術誌に掲載されました．

　当時，新聞・テレビ・雑誌などのメディアは，この偉業を大々的に報じました．国内では，多くの人々が「日本人による歴史的快挙は，いったいどんな内容なのか」と興味を抱き，新聞・雑誌の記事やYouTubeの動画など，数えきれないほどの解説が世の中を賑わせました．

　一方，査読期間があまりに長かったこともあり，「論文は本当に正しいのか」といった疑問も，たびたび各所から発せられました．通常，数学の業績は，論文の査読が完了して学術誌に掲載されることで，公式に認められます．しかし，歴史を揺るがす超有名問題の場合，本当に解決したのかどうか，その正否が多大な影響を持つため，少数の査読者に全責任を負わせるべきでないという考え方が数学界にあります．たとえば，2000年にアメリカのクレイ数学研究所が設定した7題の「ミレニアム問題」は，1題解決ごとに100万ドル（1億数千万円）の賞金が懸けられていることで有名ですが，賞金が支払われる条件として，査読完了と学術誌への掲載に加え「出版後2年間，全世界の数学者の目にさらした上で，疑義が無いこと」を課しています．

　「ABC予想」は超有名問題であり，ミレニアム問題と同等に扱う価値があるでしょう．仮にこの基準を適用した場合，論文は，学術誌掲載の2年後である2023年4月の時点で数学界で認められれば公式な業績とみなせるはずでしたが，実際はどうだったのでしょうか．この2年間という定めは，さすがによく考えられたもので，主要な数学会や研究機関の「公式な見解」と言えそうなものも出そろってきました．次のcolumnから，それらの現状報告をしたいと思います．

第 15 話　太り過ぎの見分け方

ゼータ　整数の世界の謎が, 「**積の一般形**」どうしを足した数にあることを見てきたね.

$$C = p_1^{e_1} p_2^{e_2} \cdots p_n^{e_n} + q_1^{f_1} q_2^{f_2} \cdots q_m^{f_m}$$

優　この C が「どれだけ素因数の重複を含むか」が, ラディカル $\mathrm{rad}(C)$ との比較でわかるということでした.

$$\mathrm{rad}(C) = (C\text{のすべての異なる素因数の積})$$

景子　さっき表で見たように, 一般に「素因数の重複」は, 非常にまれで, あまり起きないようです.

優　そのことを $\mathrm{rad}(C)$ を使って表すには, どうしたら良いでしょうか.

ゼータ　素因数の重複が起きれば, その分, C に比べて $\mathrm{rad}(C)$ が小さくなるわけだよね.

景子　重複した分の素因数を取り除いて掛けなくするのですから, 当然, そうなりますね.

ゼータ　なので, 「C に比べて $\mathrm{rad}(C)$ が小さくなり過ぎない」という感じの不等式を用いればいいよ. こんな感じで.

$$C < (\mathrm{rad}(C)\text{の入った式})$$

優　この式が, 「$\mathrm{rad}(C)$ がある程度大きい」ことを表すのですね.

景子　「入った式」だと抽象的で, 少しわかりにくいです.

ゼータ　例を挙げて説明しよう．2人は，ダイエットには興味があるかい？

優　僕はあまりありません．

景子　私は，甘いものを食べ過ぎないように注意しています．

ゼータ　2人はまだ若いからいいけど，私くらいの年になると，成人病検診で「太り過ぎに気をつけてください」と言われることがあるよ．

優　体重が増えすぎると，健康に良くないのですね．

ゼータ　そこで，ある日，私が体重を量ったら C キログラムだった．これが太り過ぎかどうか知りたいとき，どうすれば良いと思う？

景子　標準体重を調べて，それよりも C が小さければ大丈夫です．

$$C < (標準体重)$$

優　でも，標準体重は体格によって変わりますね．身長が高ければ，その分，体重も大きくて当然ですし．

ゼータ　そこで，私の身長を $\mathrm{rad}(C)$ センチメートルとおこう．標準体重は，$\mathrm{rad}(C)$ の式で表せるわけだね．

景子　（スマホで調べて）標準体重には，いろいろな説があるようですね．

優　現在の主流はBMI法で，こんな式だそうです．

$$(標準体重) = (身長)^2 \times 0.0022$$

景子　他にも，ブローカ式と呼ばれるこんな数式もあります．

$$(標準体重) = (身長) - 100$$

ゼータ　そうすると，体重 C，身長 $\mathrm{rad}(C)$ の人が，「標準体重よりも太っていない」という状態を表す式は，どうなるかな．

優　標準体重の方式によりますが，こんな感じになりますね．

$$C < \mathrm{rad}(C)^2 \times 0.0022$$
$$C < \mathrm{rad}(C) - 100$$

景子　これが，「太り過ぎじゃない」こと．つまり，体重に比べて身長が「小さ過ぎない」ことを表す式ですね．

ゼータ 自然数 C に関して，さっきの式の意味が，これでわかったかな.

$$C < (\mathrm{rad}(C)\text{ の入った式})$$

優 「入った式」の部分を上のように具体的な式を当てはめて想像したら，感じがつかめました.

景子 標準体重の式は2つの例を見ましたが，自然数の場合は，実際にはどんな式になるのでしょうか.

ゼータ そこなんだけど，さっき**ハーマンとルイスの定理**[*1]を説明したときに話した，数学特有の発想を，覚えているかい？

優 数式を単独の数値とみなすのではなく，関数として見たうえで挙動を考えるアイディアですね.

景子 その際，最も重要なのが「**次数**」，次に重要なのが「最高次の項の係数」でした.

ゼータ その通り．BMI法は「2次」，ブローカ式は「1次」という点が重要だね．自然数の場合は，係数を K とおいてこんな不等式を考えればいい.

$$C < K\mathrm{rad}(C)^2 \qquad (\text{2次の場合})$$
$$C < K\mathrm{rad}(C) \qquad (\text{1次の場合})$$

優 K は正の定数ですね.

景子 ただ，2次の場合と1次の場合では，K の値は異なりますよね.

優 BMI法は $K = 0.0022$，ブローカ式は $K = 1$ ですからね.

[*1] 本書第13話

景子　それで，標準体重ではなく自然数の場合は，実際は何次式になるのでしょうか.

ゼータ　まさにそれが「ABC予想」につながるんだよ．予想では，「次数は1より少しでも大きければ良い」とされているんだ.

優　「少しでも」とは，整数でない半端な数も考えているのですね．1.5とか，1.1とか，1.01とか.

景子　「小数乗」については，前回[*2]，習ったのを覚えています.

優　「n分の1」乗は「n乗根」の意味でしたね．こんなふうに.

$$x^{1.01} = x^{1+\frac{1}{100}} = x \cdot x^{\frac{1}{100}} = x \sqrt[100]{x}$$

景子　$\sqrt[100]{x}$ は，「100乗してxになる数」を表す100乗根の記号ですね.

ゼータ　それで，「1より少しでも大きい」ことを表すために，数学では $1 + \varepsilon$ という表記を用いるんだ.

景子　εは，「どんなに小さな正の数でも良い」というニュアンスですね.

ゼータ　そうすると，次数が $1 + \varepsilon$ なので，不等式はこんなふうになる.

$$C < K(\varepsilon)\mathrm{rad}(C)^{1+\varepsilon} \qquad (\varepsilon は任意の正の数)$$

優　定数のKが，$K(\varepsilon)$に変わりましたね.

ゼータ　さっきBMI法とブローカ式を比べてみたように，Kは次数によって変わるからね.

---

*2　前著『「数学をする」ってどういうこと？』第25話「『実数乗』とは？」

景子　各 ε に対して，定数 $K(\varepsilon)$ が決まるということですね.

ゼータ　この「$(1+\varepsilon)$ 乗」の不等式こそが，「ABC予想」の本質を表しているんだ.

優　いよいよ，「ABC予想」とは何か，についての説明が聞けるのですね.

景子　楽しみです.

数学の論文データベース

　ABC予想の証明の真偽の判断は，誰がどのように行うのでしょうか．裁判所のような機関が裁定を下す場面を想像するかもしれませんが，実際はそんな局面は存在しません．結局，「数学界の雰囲気」あるいは「数学者たちの気持ちの集積」としか言いようがなく，「正式な決着」は見られないかもしれません．

　そんな中，強いていえば，「公式見解」とみなせそうなものに，論文データベースがあります．それは，全世界で過去に出版された数百万件にのぼる数学文献の書誌情報（著者名・タイトル・誌名など）に加え，短い概要解説（抄録）が各論文に付けられたものです．主要なデータベースには，アメリカ数学会によるMathSciNet（マスサイネット）と，ヨーロッパ数学会らによるzbMATH（ズィービーマス）の2つがあります．膨大な数の論文が常時新たに出版され続けている数学の世界において，抄録の制作は大事業であり，世界中の数学者が協力して行っています．私も，これまで200本以上の抄録を執筆しています．

　データベースは，数学研究に欠かせません．数学者が研究をするとき，多数の論文をすべて詳細にわたって読むのは不可能ですから，まずこれらの抄録で概要を把握し，深読みすべき論文に当たりを付けることはよくあります．

　通常，抄録には事実のみを記載し，執筆者の意見は記載しません．出版済の論文なので査読は不要だからです．しかし，まれに論文の評価や，誤りの指摘が，読者のためになると判断され記載されます．その場合，執筆者個人の考えがそのまま記載されるわけではなく，数学会の意向を踏まえたものになります．

　実際，私もかつて，一度，ある論文に批判的なコメントをしたことがありますが，その際，アメリカ数学会編集部から根拠を問われ，議論になりました．たまたま論文の著者が私の教え子で，私がその研究の欠陥を熟知していた事情を説明したら編集部はようやく納得し，私の原稿はそのまま掲載されました．

　ABC予想の論文がジャーナルに掲載されてから2年余りが経過しました．この期間に抄録の出版もなされ，そこには論文に対する評価が記されています．それらを，世界の主要な数学会の（現時点での）「公式見解」と見ることもできると思います．次のcolumnで，その内容を見ていきます．

第 16 話

A, B, C の役割

ゼータ　「積の一般形」どうしを足したこの数が持つ素因子について，「重複が起きにくい」という現象を記述する方法を考察してきたね．

$$C = p_1^{e_1} p_2^{e_2} \cdots p_n^{e_n} + q_1^{f_1} q_2^{f_2} \cdots q_m^{f_m}$$

優　そのために，ラディカル $\mathrm{rad}(C)$ が C に比べて「小さくなり過ぎない」ということを，数式で表していたところでした．

景子　「ABC予想」によると，C が $\mathrm{rad}(C)$ の「$(1+\varepsilon)$ 乗より小さい」と考えられるのですね．

$$C < K(\varepsilon)\mathrm{rad}(C)^{1+\varepsilon} \qquad (\varepsilon \text{ は任意の正の数})$$

優　どうして「ABC予想」というのですか？

ゼータ　C を構成する2数を A, B と置くと，3つの数 A, B, C に関する予想になるからだよ．

$$A = p_1^{e_1} p_2^{e_2} \cdots p_n^{e_n}, \qquad B = q_1^{f_1} q_2^{f_2} \cdots q_m^{f_m}$$

景子　A, B は，「共通の素因数を持たない」という条件がありますね．

優　それ以外は一切条件のない，任意の自然数で良いのでしょうか．

ゼータ　実は，上の式 $C < K(\varepsilon)\mathrm{rad}(C)^{1+\varepsilon}$ は，「任意の自然数」だと明らかに成り立たないんだ．

景子　（少し考えて）うーん，そうですね．たしかに，成り立たないことがありますね．

優 どうして？

景子 A, B の組合せによっては，$\mathrm{rad}(C)$ がめちゃくちゃ小さくなることもあり得るからよ．

ゼータ さすが景子ちゃん．その通りだよ．$A = 2^{100} - 1$，$B = 1$ としてごらん．

優 そうすると，$C = 2^{100}$ となるから，$\mathrm{rad}(C) = 2$ となりますね．本当だ．C が巨大なのに，$\mathrm{rad}(C)$ は小さいですね．

ゼータ これまで，「A, B に素因数の重複があっても，C はそうならない」ということを，この不等式で表してきたんだけどね．

$$C < K(\varepsilon)\mathrm{rad}(C)^{1+\varepsilon} \qquad (\varepsilon \text{ は任意の正の数})$$

景子 そもそも A, B に重複がある場合に限らなければ，C の素因数の重複を人工的に作り出すことは，いくらでもできますよね．

優 なるべく一般的な形の方が良い命題なのでしたよね．

ゼータ そこで，実際の「ABC予想」は，不等式の右辺を少し修正した，こんな形なんだ．

$$C < K(\varepsilon)\mathrm{rad}(ABC)^{1+\varepsilon} \qquad (\varepsilon \text{ は任意の正の数})$$

景子 $\mathrm{rad}(C)$ が $\mathrm{rad}(ABC)$ に変わりましたね．

ゼータ 上の例 $A = 2^{100} - 1$，$B = 1$ は，$\mathrm{rad}(C)$ が小さい反面，$\mathrm{rad}(A)$ が巨大 [1]であると思われる．

---

[1] 実際，$\mathrm{rad}(A)$ は29桁の数である．

優　　どうしてですか？

ゼータ　Aは，2^{100} と 1という「2つのべき乗数の差」だからだよ．

景子　「べき乗数の和」が素因数の重複をあまり持たないことは，先ほど見ましたが，似たことが，差の場合も成り立っているのですね．

ゼータ　そうだね．足し算も引き算も，素因数の重複がどれくらい起きるかという観点では，全く同じ傾向にあるんだよ．

優　　そうすると，Aの素因数にはあまり重複が無いわけですね．

景子　ということは，rad(A) が大きいのですね．

優　　rad(C) が小さくなった分，rad(A) が大きくなったということですね．

ゼータ　一般には，AとBは対称だから，全責任をAが負うとは限らない．rad(B) が大きくなることもあるよ．

景子　それで，rad(ABC) となるわけですか？

ゼータ　A, B, C は共通の素因数を持たないので，rad(ABC) は，各々のラディカルの積に等しいんだ．

$$\mathrm{rad}(ABC) = \mathrm{rad}(A)\mathrm{rad}(B)\mathrm{rad}(C)$$

優　　AとBが共通の素因数を持たないことは仮定しましたけど，Cもそうなのですか？

景子　それは明らかよ．もし，CがAと共通の素因数を持っていたら，移項すればBも同じ素因数を持つことになり，矛盾するもの．

$$A + B = C \iff B = C - A$$

$$\implies C \text{ と } A \text{ の共通の素因数でくくれる}$$

優　結局，A, B, C はどの2つも共通の素因数を持たないんですね.

ゼータ　だから，$\mathrm{rad}(ABC)$ も $\mathrm{rad}(A)\mathrm{rad}(B)\mathrm{rad}(C)$ も，A, B, C のすべての素因数を1回ずつ掛けたものなので，等しいんだ.

景子　これでやっと，ABC予想の不等式が理解できました.

$$C < K(\varepsilon)\mathrm{rad}(ABC)^{1+\varepsilon} \qquad (\varepsilon \text{ は任意の正の数})$$

■　◆　◇　◇　◇　◇　■　◆　◇　◇　◇

欧米数学会の「公式見解」

おうべいすうがっかい こうしきけんかい

アメリカ数学会のデータベース MathSciNet には，ABC予想の論文に対し，（A4で印刷すると）5ページという異例の長さの抄録が掲載されています．そこには，望月教授が構築した**宇宙際タイヒミュラー（IUT）理論**が丁寧に解説されています．執筆者はサイディという代数幾何学・整数論の研究者です．論文に対する批判や誤りの指摘は一切なく，理論の価値を詳しく解説し，論文が難解である理由を詳細に分析して述べています．通常，抄録は論文が正しいことを前提に書かれるものです．この抄録はその原則に則っており，証明の賛否には一切触れていません．

この抄録は論文の価値を高く評価しており，証明の正しさを認めていると受け取ることができます．ただその一方で，敢えて賛否には触れず，論点を避けているという見方もできるかもしれません．なぜなら，抄録の末尾に「編集部より」として，以下の注が付け加えられているからです．

> For an alternative review of the IUT papers, in particular a critique of the key Corollary 3.12 in Part III, we refer the reader to the review by Scholze in zbMATH. （IUT論文に関する他のレビュー，特に，最も重要である第III部・系3.12[a]に関する論評は，ショルツェによる zbMATH の抄録を参照してください.）

つまり，アメリカ数学会としては，自ら積極的に論文の誤りを主張するつもりはないが，逆に，これをもって論文を全面的に支持しているように思われるのも避けたい意向なのかもしれません．面倒な議論を zbMATH に丸投げし，リスクを回避しているようにも受け取れます．

引用されたショルツェ教授は数論幾何学の研究者で，2018年に30歳の若さでフィールズ賞を受賞した天才です．では，zbMATH のショルツェ教授の抄録は，どのような内容なのでしょうか．その抄録も2ページ以上にわたる長めのものです．ABC予想に関する主要な部分を抜粋します．

Unfortunately, the argument given for Corollary 3.12 is not a proof, and the theory built in these papers is clearly insufficient to prove the ABC conjecture. （残念ながら，系3.12に関する議論は証明になっておらず，一連の論文で構築されている理論は，ABC予想を証明するには明らかに不十分である.）

In any case, at some point in the proof of Corollary 3.12, things are so obfuscated that it is completely unclear whether some object refers to the q-values or the Θ-values, as it is somehow claimed to be definitionally equal to both of them, up to some blurring of course, and hence you get the desired result. （いずれにしても，系3.12の証明中のある箇所において不明瞭な書き方がしてあり，ある対象がq値なのかΘ値なのか全く不明確であり，定義によって両方に等しいと主張されていたりする.曖昧な議論であるから，当然，望み通りの結論が得られる.）

　こちらの抄録には編集部からの注などは特になく，この文面がヨーロッパ数学会の公式見解であるとも解釈できます.ただ，ショルツェ教授は，もともと論文に最も異を唱えていた張本人であり，抄録の執筆者として中立とは言い難いです.これは私の想像ですが，zbMATHは当初，公正な抄録を目指して他の数学者たちに執筆を依頼したが，そのすべてに断られたのかもしれません.もともとこの理論を理解できる研究者が限られている上に，誰しも論争に巻き込まれたくないからです.最終的にやむを得ずショルツェ教授に依頼した可能性は，十分あり得ます.

　以上が，データベースから見た欧米の2つの数学会の「公式見解」です.ざっくり言って「一勝一敗」ですが，だからといって「引き分け」とはなりません.数学の定理は，多少の嫌疑もあるべきではないからです.実際，Wikipediaでは望月教授の証明を「証明の提案の1つ」と位置づけ，「現在数学者の大勢の同意は依然として得られていない」としています.ミレニアム問題における「賞金が支払われる条件」を満たさない状況であるといえそうです.

---

*a 「系」は定理の一種で，「すでに示した命題から容易に導ける定理」を意味する数学用語.
　　ABC予想は，論文中の系3.12.

第2部

コラッツ予想

ゼータ　ABC予想がわかったところで，次の話題「**コラッツ予想**」に入ろう．

景子　コラッツ予想では，自然数にこんな操作をするのでしたね．

- 偶数なら2で割る．
- 奇数なら3倍して1を足す．

優　この操作を繰り返し行うと，「どんな自然数もいずれ必ず1になる」という予想ですね．小学生にもわかりそうな，単純な問題です．

景子　たとえば，6から始めたら，8回の操作で1に行きますね．

$$6 \xrightarrow{\div 2} 3 \xrightarrow{\times 3+1} 10 \xrightarrow{\div 2} 5 \xrightarrow{\times 3+1} 16 \xrightarrow{\div 2} 8 \xrightarrow{\div 2} 4 \xrightarrow{\div 2} 2 \xrightarrow{\div 2} 1$$

優　7から始めると，16回の操作で1に行きます．

$$7 \xrightarrow{\times 3+1} 22 \xrightarrow{\div 2} 11 \xrightarrow{\times 3+1} 34 \xrightarrow{\div 2} 17 \xrightarrow{\times 3+1} 52 \xrightarrow{\div 2} 26 \xrightarrow{\div 2} 13$$

$$\xrightarrow{\times 3+1} 40 \xrightarrow{\div 2} 20 \xrightarrow{\div 2} 10 \xrightarrow{\div 2} 5 \xrightarrow{\times 3+1} 16 \xrightarrow{\div 2} 8 \xrightarrow{\div 2} 4 \xrightarrow{\div 2} 2 \xrightarrow{\div 2} 1$$

ゼータ　計算機で，10^{20} までのすべての自然数が，実際に1に行くことが確かめられているよ．

景子　そんな膨大な数まで調べられているなら，すべての自然数でも成り立ちそうですね．

優　でも，自然数は無数にあるから，いくら計算機で調べても証明にはならないのですね．

ゼータ この予想は，数学者のコラッツが1930年頃に考えついて，1950年の国際数学者会議の中の雑談を通して世間に広まったと言われているよ．

景子 世界的な数学者の方々が挑戦しても解けなかったんですか？

ゼータ 整数論で有名なハッセが取り組んで解けなかったことはよく知られている．

優 解けなかったのに，その事実が有名になってしまうとは珍しいですね．

ゼータ たしかに，数ある未解決問題の中でも，そういうケースは稀だね．

景子 それくらい「コラッツ予想」が超難問ということですね．単純な問いに見えるのに，意外です．

ゼータ 1950～60年代に，ウラムや角谷といった整数論以外の分野の著名な研究者たちがコラッツ予想に取り組んだことも，有名だよ．

優 日本人も関係しているのですか？

ゼータ **角谷静夫**さんは，**エルゴード理論**という分野で著名な数学者で，当時エール大学の教授だった人だよ．

景子 そんな人が解けなかった事実が，後々まで歴史として残ること自体，この問題が特別な難問であることを示していますよね．

ゼータ コラッツ予想は「ハッセのアルゴリズム」「角谷予想」「ウラムの問題」「$3N+1$ 予想[*1]」「シラキュース問題」など，多くの別名を持つんだ．

[*1] 本書の表紙は「$3N+1$」をあしらっている．

優　　そうそうたる顔ぶれの数学者の名前が付けられ，しかも全員が解けなかったとは，すごいですね．最後の「シラキュース」とは何ですか？

ゼータ　アメリカのニューヨーク州にある大学の名前だよ．

景子　そこで，コラッツ予想が研究されたのですか？

ゼータ　角谷さんのエール大学が隣のコネティカット州だから，問題が伝わったのだろうね．

優　　ネットのない時代ですから，近隣の地域ごとに行うセミナーの比重が大きかったのかもしれませんね．

ゼータ　コラッツ予想について，よく言われるエピソードがあるよ．

景子　どんな話ですか？

ゼータ　皆が自分の仕事を放り出して取り組むけど，結局，諦めて隣の研究室に渡す．これが繰り返され伝染病のように広まっていくという話だよ．

優　　どれくらいの期間で諦めるのですか？

ゼータ　だいたい，1つの研究室につき，1～2週間から1カ月程度と言われていたね．

景子　そうやって，次々に広まっても，誰も解けなかったのですね．

ゼータ　その度に全米のどこかの研究室がストップするので，「東側の敵国が送り込んだ陰謀じゃないか」との噂まで囁かれたほどだよ．

優　　本当に珍しい，いわくつきの問題なのですね．

景子　でも，そこまで難問なら「予想を弱めたバージョン」で進展を得よう
　　　とするのが数学者ですよね.

ゼータ　さすがは景子ちゃん. 今までの話から学んでいるね.

景子　ありがとうございます. そういう研究のお話をたくさん聞いてきた
　　　ので.

ゼータ　コラッツ予想に対して，初めて「価値のある弱め方」を行ったのが，
　　　1970年代のテラス[*2]とエベレット[*3]の研究だよ.

優　　2人なのですね.

ゼータ　共同研究ではなく，同時期に独立に行われ，同じ成果に到達したんだ.

景子　どんな弱め方をしたのですか？

ゼータ　2つの点がある. 1つは「すべての自然数」でなく「ほとんどすべての
　　　自然数」としたこと.

優　　「ほとんど」は日常生活で使う言葉ですけど，数学的にきちんと定義さ
　　　れるのですか？

ゼータ　実は数学用語でもあるんだ. これから説明するね. そして2つ目は
　　　「1に行く」でなく「元の数よりも小さくなる」としたこと.

景子　これは，かなり大胆な妥協ですね.「1に行く」からは相当遠いです.

---

*2　R. Terras: "A stopping time problem on the positive integers" Acta Arithmetica **30**
　　(1976) 241–252.

*3　C. J. Everett: "Iteration of the number theoretic function $f(2n) = n$, $f(2n + 1) =$
　　$3n + 2$" Advances in Math. **25** (1977) 42–45.

ゼータ この第二の点については，その後改善が見られているので，あとで説明するよ．まずは1つ目の「ほとんどすべて」の意味から見ていこう．

優 よろしくお願いします．

■ ◆ ◆ ◆ ◆ ◆ ■ ◆ ◆ ◆ ◆

「数学」への誤解

　2012年に望月教授が論文を公表して以来，ABC予想は世間の注目の的になりました．ネット上に解説動画があふれ，「わかりやすい講義」で高い評価を得ている予備校講師や教育系ユーチューバーが，こぞって「初心者向け」や「誰にでもわかる」と銘打って，ABC予想の解説をしました．

　しかし，私は，そうした動画を見て，大変悲しく，残念な気持ちを抱かざるを得ませんでした．なぜなら，それらの解説動画が，ABC予想の「真意」を少しも伝えていなかったからです．どの動画も，天下り的に不等式を与え，いろいろな数を代入して「成り立つ」「成り立たない」と検証するのみでした．なぜその不等式が重要なのか，その理由に踏み込んだ解説は1つも見られませんでした．

　動画の中には，生徒役のアイドルが不等式に値を代入し「理解できた」と喜ぶ場面もありました．「この式はすごい価値があるのだ」と理由もわからずに決めつけられて，何が嬉しいのかと，私は疑問に感じました．

　と同時に，「普段，この人たちはこんなふうに数学を見ているんだ」と思うと，悲しくなりました．数学者は，何やらわけのわからないことをやっている．数学者に共感することなど，どうせできやしない —— そんなあきらめが，透けて見える気がしました．

　それでもまだ，生徒さん側が「最先端の数学の一端に触れるだけでも嬉しい」と素直に感じてくれるのは，嬉しいことだとも言えます．許せないのは，教える側の講師たちが，根拠のない「価値のある数式の押しつけ」に何の抵抗も感じないことです．本書で「足し算と掛け算の独立性」と呼んだ不思議な現象について，彼らはどう感じていたのでしょうか．もしかしたら，全くその本質や魅力に思い至ることなく，単に不等式を受け売りしていただけなのでしょうか．

　意味もなく不等式を掲げれば，あとは代入するだけですから，「わかりやすい講義」になるのは当然です．「なぜその式なのか」のモチベーションを解説することこそ，プロの仕事であるべきです．それができない講師など，単なる「知ったかぶり」です．評判の良いプロ講師たちが，そんな講義をし，それを世の中が受け入れている状況を見て，私は絶望的な気持ちになりました．そうした風潮の是正に向けて少しでも貢献したいとの願いから，本書を執筆しています．

景子 「ほとんどすべての自然数」の意味を説明してくださるとのことでした.

優 「ほとんど」は日常的に使う言葉ですけど,数学的にきちんと定義されるものなのでしょうか.

ゼータ 実は,「ほとんどすべての自然数」とは「100%の自然数」という意味なんだ.

景子 え? 「100%」なら「すべて」と同じではないのですか?

ゼータ それが違うんだよ. そこの理解が最初の関門なので,これから説明するから頑張って突破しよう.

優 お願いします.

ゼータ 高校の数学で「確率100%で起きる」といえば,「例外なく起きる」ことを言うよね. 高校の授業で習う確率の例を挙げてごらん.

景子 サイコロで1の目が出る確率は $\frac{1}{6}$ だから約17%.

優 1, 2, 3のうちいずれかの目が出る確率は,$\frac{3}{6} = \frac{1}{2}$ で50%.

景子 1から6までのいずれかの目が出る確率は,$\frac{6}{6} = 1$ で100%となります.

ゼータ これを,ルーレットで図示すると,こんなふうになるよね.

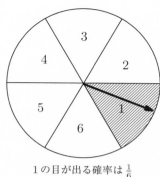

1の目が出る確率は $\frac{1}{6}$

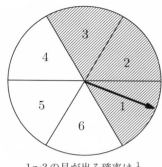

1〜3の目が出る確率は $\frac{1}{2}$

優　円を，中心角 $60°$ ずつの扇形に分割したのですね.

景子　ルーレットの針を回して止まった場所が，出た目を表すのですね.

ゼータ　1が出るのは，針の向きが基準線から $60°$ 未満の場合だともいえるよね.

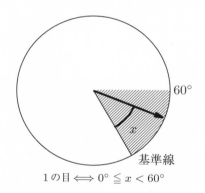

1の目 $\iff 0° \leqq x < 60°$

優　$0° \leqq x < 360°$ の範囲で，$60°$ ごとに6つのエリアに分かれているわけですね.

ゼータ　エリアの仕切りを取っ払い，ルーレットを回して針が止まる x の値を考えても，サイコロと同じことになるよね.

景子 　$0° \leqq x < 60°$ となる確率が $\frac{1}{6}$ ということですね.

ゼータ 　そこで，たとえば，ちょうど $x = 23.45°$ となる確率は，いくつだと思う？

優 　そんな，小数点以下までぴったりの値なんて，当たる確率は低そうです.

景子 　小数第二位まで当てれば良いということでしょうか.

ゼータ 　そうじゃなくて，実数として本当にぴったりそうなる確率だよ.

優 　それは，限りなく 0 に近いのではないでしょうか.

ゼータ 　その通り.実は「0」が正解なんだ.確率は 0 となる.このことを理解できるかい？

景子 　うーん.（少し考えて）たとえば，確率が 1% だとしても，100 個の値があったら，それで 100% を占めてしまいますよね.

優 　$0° \leqq x < 360°$ の範囲に，数 x は 100 種類以上，無数にあるので，それは矛盾です.確率は 1% より小さいことがわかります.

景子 　同様にして，求める確率は，どんな正の数よりも小さいことが証明できます.だから「0 しかない」となるわけですね.なるほど.

優 　でも，$x = 23.45°$ という角度は存在するのだから，そうなる可能性もありますよね.「確率 0」なのに「起こり得る」なんて，変ですよ.

ゼータ 　そういうとき，数学では「証明された事項」を最優先にするんだ.人間は，思い込みから間違える可能性があるからね.

景子　「確率0は起き得ない」というのは人間の勝手な思い込みでしょうか.

ゼータ　そうだね. 人間の経験では「サイコロの目が6通り」のように，場合の数が有限の場合が多いから，そう感じるだけだろうね.

優　その場合はたしかに「確率0」＝「起き得ない」ですけど，無限の選択肢があるときは，必ずしもそうではないんですね.

ゼータ　うん. 論証していないことを安易に信じてはいけない，という好例だね.

景子　日常語では，「確率0」は「起き得ない」という意味で使いますが，数学では違うのですね.

ゼータ　このことは，無限個の「場合の数」に対する確率を，有限個の場合の極限として定義すれば，より明快に理解できるよ.

景子　有限個に対する確率の極限で，無限個に対する確率を定義するのですか？

ゼータ　$0° \leqq x < 360°$ を n 等分すれば，各区間に針が止まる可能性は $\frac{1}{n}$ ずつになる. そこで $n \to \infty$ とすればいいんだよ.

優　たとえば，$n = 360$ とすると，1周の全体を $1°$ ずつに分けるから，$23° \leqq x < 24°$ の範囲に入る確率が $\frac{1}{n} = \frac{1}{360}$ ですね.

景子　その10倍の $n = 3600$ とすれば，1桁精密になり，$23.4° \leqq x < 23.5°$ の範囲に入る確率が $\frac{1}{n} = \frac{1}{3600}$ となります.

優　$x = 23.45°$ は，どんな小さな長さの区間にも含まれるから，どんなに大きな n に対しても，確率が「$\frac{1}{n}$ 以下」になりますね.

景子　だから「確率0」なのですね．そしてそれは，必ずしも「起き得ない」を意味するわけではないのですね．「起き得る」ことの極限なので……

ゼータ　そして，その逆が「確率100％」なわけだよ．

優　たとえば，$x \neq 23.45°$ となる x で針が止まる確率は，100％ですね．

景子　そうすると，100％であっても，1つとか，または少数の例外があり得ることになりますね．

ゼータ　これで，「100％」が「ほとんどすべて」だという意味がわかったかい？

優　テラスとエベレットは，少数の例外を除くすべての自然数に対して定理を証明したわけですね．

景子　そして，無数にある自然数の中で，例外の個数の割合が0に収束するということですね．

ゼータ　2人とも，よく理解したね．これで，話の出発点を通過できたよ．

優　え，まだ先があるんですか？

ゼータ　そうだね．そもそも，確率って何だ？　という話だよ．

沈思黙考という「異形」

数学を愛する人々の気持ちを代弁するかのような，少し嬉しい気持ちにさせてくれる記事を見つけました．2023年6月3日付の朝日新聞社説「藤井新名人 ～棋士たちの沈黙に学ぶ」です．藤井聡太さんが名人戦で勝利した翌朝の記事です．

> 棋士2人は37センチ×33センチほどの小さな将棋盤を挟み，言葉を交わすことなく相対した．2日間にわたる長丁場で外部との連絡も絶たれる．1日目の対局が終わり翌朝の再開までの間もたったひとりで，黙して考え続ける．あえて考えない場面があるとしても，それも含めて自己との対話の時間といえるだろう．
>
> ひとつの局面で平均約80通りの可能性があると言われる将棋において，次の一手を選ぶための長考はときに数時間に及ぶ．結果を誰のせいにもできない．棋士たちはそんな営みを日々繰り返している．一般の日常生活では縁のない，現代社会において異形の行いだ．

「異形」と表現されているこの行為は，私たち数学者から見ると，まさに日常です．本番で集中力を発揮して勝負する将棋に比べると，数学の研究はスパンが長めで，何日も何か月も考え続けることが多いですが，最終的に，勝負どころで難題を解決する瞬間は，将棋の一戦で棋士が熟考して難局を乗り越える局面と似ているように思えます．私は，この社説がまるで数学者を描写しているかのように感じ，その類似性に驚き，深い共感を覚えました．

沈思黙考は，言われてみればたしかに「一般の日常生活では縁のない」ことかもしれません．それだけ，数学の研究は孤独で寂しいものです．「沈黙の意義にあらためて思いをはせてみたい」の一文で結ばれるこの社説が，棋士だけでなく数学者の努力をも認めてくれている気がして，私は嬉しくなりました．

ただ，将棋と数学が決定的に異なる点があります．それは，将棋は人が相手の勝負であるということです．棋士の思考が独善に陥らないのは，対戦相手の存在のおかげであると，社説は説いています．では，対戦相手のいない数学ではどうでしょうか．これについて，次の column で述べたいと思います．

ゼータ ルーレットの針が止まる角度 x を考えるとき，$x = 23.45°$ のように，特定の値に対する確率は「0」となることがわかったね．

景子 でも，「確率0」は「起き得ない」という意味ではないことを学びました．

ゼータ それなら，いったい，**確率**って何だろう？　どの点に止まる確率も0なら，確率の実体とは，何なんだろうか？

優 たしかに，そう考えると，確率の意味がよくわからなくなってきますね．

景子 うーん．（しばらく考えて）確率は，1点じゃなくて区間に対して考えられるものなのではないでしょうか．

優 たしかに，x が区間 $0° \leqq x < 60°$ に属する確率が $\frac{1}{6}$ だったように，区間に対しては求められますね．

ゼータ 区間 $a° \leqq x < b°$ だったら，確率はどうなると思う？

景子 区間の長さが $b-a$ で，全体の長さが360ですから，こうでしょうか．

$$\frac{\text{区間の長さ}}{\text{全体の長さ}} = \frac{b-a}{360}$$

ゼータ さすがは景子ちゃん．次のように面積で考えることもできるよね．

優 斜線部の面積の割合が，確率を表すわけですね．

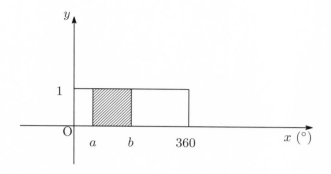

景子　こんなグラフで面積を見ると，高校で習った積分を思い出します.

ゼータ　積分で書くと，区間 $a° \leqq x < b°$ 内に針が止まる確率は，どうなる？

景子　こうなります.

$$\frac{斜線部の面積}{全体の面積} = \frac{\int_a^b dx}{\int_0^{360} dx}$$

ゼータ　よくできたね. 本来，確率はね，長さの割合，面積の割合，といったものなんだよ.

優　高校で習った「場合の数」の割合ではないのですね.

ゼータ　それは，場合の数が有限のときしか当てはまらないね.

景子　無限のときは，長さや面積を使って定義されるものなのですか.

優　でも，わざわざ積分を使うことに，メリットがあるのでしょうか.「長さの割合」だけで良いのでは？

ゼータ　実は，それが大ありなんだ. 世の中の一般の状況はもっと複雑で，サイコロのように均一的に確率が与えられないケースが大半だからね.

景子　どういうことでしょうか.

ゼータ　たとえば降水確率は「降るか降らないか」の二者択一だから「確率 $\frac{1}{2}$」で 50% かというと，そんなことはないよね.

優　もちろんです. いろいろな気象状況を加味して算出していると思います.

ゼータ　過去のデータに基づいて，特定の要因を重く算入する，といった「重みづけ」がなされているわけだよ.

景子　サイコロでいえば，ひしゃげたサイコロで，特定の目が多く出るみたいな「偏り」があることに例えられますか？

ゼータ　そうだね. ルーレットでいえば，油が枯渇気味で滑りが悪く，針が $0° \leqq x < 180°$ の範囲にあるときだけ回るのに倍の時間がかかるとか.

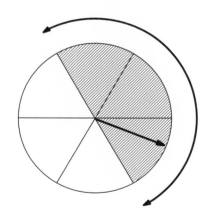

優　そうすると，$0° \leqq x < 180°$ で針が止まる確率が高くなりますね.

景子　仮にどの瞬間に止まる確率も等しいと仮定すると，その区間で止まる確率は，単純計算で 2 倍になります.

ゼータ　そうすると，こんな階段状のグラフで面積を考えれば良いよね.

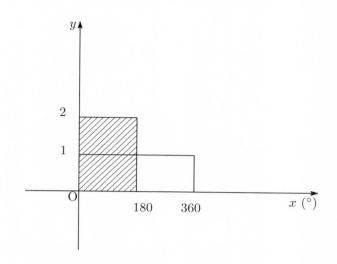

優　$0° \leqq x < 180°$ では確率が倍だから，グラフの高さが倍になるわけですね. 面積比から，確率は $\frac{2}{3}$ とわかります.

景子　面積比は積分で書けますね. 階段グラフの式を $y = f(x)$ と置くと,

$$\frac{\text{斜線部の面積}}{\text{全体の面積}} = \frac{\int_0^{180} f(x)dx}{\int_0^{360} f(x)dx} = \frac{2}{3}$$

ゼータ　$f(x)$ の式を書いてごらん.

優　こうなります.

$$f(x) = \begin{cases} 2 & (0° \leqq x < 180°) \\ 1 & (180° \leqq x < 360°) \end{cases}$$

ゼータ　よくできたね. これが，確率の正体なんだよ.

景子　どういうことですか?

ゼータ　確率とは，そもそも「どの事象がどれくらい起きやすいか」を表す数値だよね．

優　サイコロの各目が，どれも $\frac{1}{6}$ ずつ出るといったことですね．

景子　ところが，場合の数が無限になると，個々の確率は0になってしまいます．

ゼータ　そうなったときに，確率を表すのはこの $f(x)$ なんだ．

優　なるほど．1つ1つの x に対する確率は0でも，積分すると確率になるのですね．

ゼータ　これが，**測度**という概念なんだ．確率論の基本的な考え方だよ．

景子　$f(x)$ を測度というのですか？

ゼータ　そう理解してもいいよ．どの文字で積分するかを示すために dx も付けた $f(x)dx$ を測度と呼ぶのが普通だけど．

優　要するに，測度は，区間ごとに，その区間の確率が得られる仕組みですね．

ゼータ　そして，$f(x)$ は「x 付近の値がどれくらい起きやすいか」を表す関数だね．これを「**確率密度関数**」と呼ぶこともあるよ．

景子　測度を与えることが，すべての事象の確率を決めることになるのですね．

ゼータ　先ほどの例では，$f(x)$ は階段グラフだったけど，一般には滑らかな曲線になることもあるし，いろいろなグラフが考えられるよ．

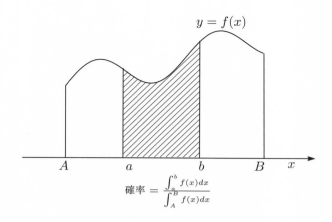

$$\text{確率} = \frac{\int_a^b f(x)dx}{\int_A^B f(x)dx}$$

優　「どの事象がどれくらい起きやすいか」を，関数 $f(x)$ で表すなんて，考えたこともない発想です．

ゼータ　では，測度がわかったところで，練習問題として，有名なパラドックスを解いてみよう．

数学という対戦相手

column 18 で 2023 年 6 月 3 日付の朝日新聞社説を引用し，将棋と数学の類似について述べました．一方，将棋と数学が決定的に異なる点があります．それは対戦相手の存在の有無です．社説は，以下のように論じています．

> 沈思黙考が独善に陥らないのは，将棋自体が相手との対話だからでもあるだろう．今回も，19年間タイトル保持を続けた渡辺明前名人との盤上の会話があってこその名勝負だった．

では，数学の思考が独りよがりになることはあるのでしょうか．1 人で行う研究の過程で，一時的に思考が独善に陥ることはあるかもしれません．しかし，どんな数学者も最終的には独善から脱却します．それは人間の相手がなくても，自然界の数学そのものが，最強の対戦相手だからです．数学では，つじつまの合わないことや，ごまかしは許されず，独善に陥った思考はいずれ駆逐されます．優れた数学者の業績は，自然を相手に繰り広げた名勝負であるといえるのです．

今回，私は，この社説が棋士のみならず数学者の実態をも表してくれていると感じ，引用させて頂きました．しかし実はそれと同時に，もう 1 点，驚いたことがあります．社説の文中で引用されていた藤井聡太さんの言葉です．

> 将棋は 1 人で考えて指す孤独な闘いですけれども，それを例えば合議制でやったら強くなるかというと，たぶんそういうことはないんです．1 人で考え抜いたからこそできることも，やはり多いと感じます．

これは，数学についてもそのまま言えることであり，まさに数学者の気持ちを代弁していると思います．「合議制」を「多くの知識の集積」と解釈すれば，それは，AI が長じている点の 1 つでもあります．この一節は，人間が集中力によって，AI のたどり着けない領域に到達することもあり得るという「人間の可能性」を表した言葉でもあるわけです．20 歳の若さでこんなことまで言える藤井聡太さんの洞察力と表現力に，私は改めて感銘を受けました．

第 **20** 話　円が切り取る線分

ゼータ　1つクイズを出そう．昔からある有名な問題だよ．1辺が1の正三角形
　　　　　に，円が外接している．

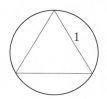

ゼータ　この円に直線が交わるとき，円が切り取る直線の長さが1より大きい
　　　　　確率を求めよ．

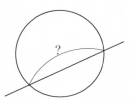

　優　図を描いて考えれば，簡単にできそうな気もします．

ゼータ　解答は選択式だよ．

$$(A)\ \ \frac{1}{3} \qquad\qquad (B)\ \ \frac{1}{2} \qquad\qquad (C)\ \ \frac{1}{4}$$

　景子　3つの解答それぞれに，理由があるのですか？

ゼータ　そこが問題なんだ．どの選択肢にもそれなりの根拠があるので，以下
　　　　　に説明するね．

　優　どれが正しいかを判定すれば良いのですね．

景子 面白そうです.

ゼータ まず, (A) $\frac{1}{3}$ の根拠から. これは, 直線の角度に注目した解答だ. P における接線とのなす角 θ の範囲を考える.

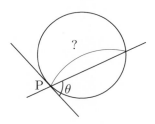

優 θ が 60° と 120° のときは, 線分は三角形の辺と同じ長さになりますね.

景子 その2つの角度の間のとき, 切り取る線分は1より大きくなります.

優 60° から 120° までの 60° にわたるので, 180° の $\frac{1}{3}$ となります. これが選択肢 (A) の根拠ですね. 正しい感じがします.

ゼータ 次に, 選択肢 (B) の理由を説明しよう. 今度は, 直線から円の中心までの距離 ℓ に注目する.

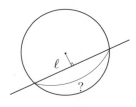

景子 円の半径を r とすると, ℓ は, 0以上 r 以下で, ℓ が小さいほど切り取る線分は長くなりますね.

優　r は三角比で簡単に求められるんじゃない？

景子　$r = \frac{1}{\sqrt{3}}$ だけど，今は必要ないわ．あとで必要になったら使いましょう．

優　ℓ が半径のちょうど半分のとき，線分は三角形の辺に一致することが，三角比からわかります．

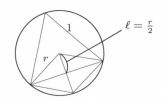

景子　そうすると，$0 \leqq \ell < r$ のうち，$0 \leqq \ell < \frac{r}{2}$ だから，確率は $\frac{1}{2}$ ですね．

優　なるほど．これが(B)の根拠ですか．これも正しそうです．

ゼータ　次に(C)の根拠を示そう．今度は，切り取る線分の中点Mに注目する．点Mが円内のどこにあれば，線分の長さが1より大きくなるかな？

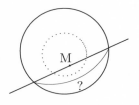

景子　Mが円の中心に近いほど，線分は長くなりますね．

優　(B)のときに考えたのと同様に，円の半径の半分より近ければ良いです．

景子　円の半径を半分にした同心円を描き，その中にMがあることが，線分が1より大きくなるための条件だと思います．

ゼータ 線分の中点 M を円内から選ぶごとに，直線の引き方が決まるよね．

景子 点 M が小さな同心円に入る確率は，面積比で求められます．

$$確率 = \frac{同心円の面積}{最初の円の面積} = \frac{(\frac{半径}{2})^2 \times 円周率}{(半径)^2 \times 円周率} = \frac{1}{4}$$

優 なるほど．それで (C) の答え $\frac{1}{4}$ が出るわけですね．これも正しそうです．

景子 たしかに，(A) (B) (C) のどれも根拠がありますね．

優 いったい，どれが正しいのでしょうか．

ゼータ 実は，正解は問題の設定によって変わるんだ．

景子 では，問題が不備だったのですね．

優 ずるいなぁ．真剣に悩んで損した気分です．

ゼータ ハハハ．この問題は，確率を正しく求めるには，「何を**等確率**と見るか」の設定が重要であることが，学べる例題なんだよ．

景子 (A) では，角度 θ を等確率と見ているんですね．

ゼータ たとえば，点 P にくぎを打って棒を止めて，ルーレットのように回転させたときには，(A) の設定になるね．

優 (B) では，円の中心と直線との距離を等確率と見ているんですね．

ゼータ これは，線路上に円が描かれていて，その上に電車が停車するときの様子が近いかもしれないね．

景子 電車の左右の車輪をつなぐ軸を直線とみなすのですね．電車は決まった方向に直進するので，停車する位置によってℓが決まります．

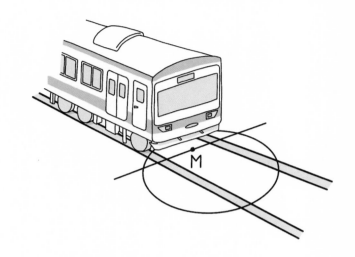

優 (C)は，点Mの位置を等確率と見ていますね．

ゼータ これは，たとえば，ダーツで円盤の的を目指して投げる感じかな．初心者はどこに飛ぶかわからず，すべての点に等確率で当たるからね．

景子 結局，どれもあり得る設定で，それぞれ正しいですね．

優 さっき，測度を習いましたが，この3通りの設定を測度を使って表すことができるのですか？

ゼータ そうなんだ．測度を理解するための良い練習問題になるから，やってみよう．

積分から微分へ

　第19話では，確率を積分（定積分）で表しました．読者の中には「積分なんてもう忘れたよ」「微分ですら難しいのに，ましてその先の積分なんか無理」と思った人もいるかもしれません．実際，高校では最初に「微分」を，次にその逆の操作である「不定積分」を習い，最後に不定積分の応用として「定積分」が登場します．まるで，定積分が微分積分学の一番奥にあるような位置づけです．

　しかし数学の歴史を紐解くと，発見された順序は逆で，定積分が最初でした．発見者は紀元前の**アルキメデス**です．彼は，曲がった図形の面積や体積を求める際，まっすぐな境界を持つ図形（長方形や直方体などに分割された図形）を用い，曲がった図形に似た図形を構成し，面積や体積の近似値を求めてから，次第に分割を細かくして近似の精度を上げる方法を考案しました．こうして得る極限値が，曲がった図形の面積や体積であるとしたのです．これが今でいう定積分です．定積分の発見は，紀元前200〜300年ということになります．

　それに比べると，微分の発見は**ニュートン・ライプニッツ**によって1700年頃になされましたから，かなり遅くて，積分の約2000年後です．積分と微分にこれほどの年代差があることは，意外かもしれません．でも内容を考えると，それは当然であるともいえます．定積分は「広さ」「大きさ」という子供にもわかる概念であるのに対し，微分は「変化率」という多少高級な概念だからです．変化率の最も簡単な例は「速度」でしょうが，それでも，たとえば「時速」という概念は「単位時間あたりに進む距離」であり，単なる「広さ」「大きさ」に比べれば格段に複雑ですし，（少なくとも子供には）難しいものです．

　微積分は高校数学の主要テーマの1つであり，数学嫌いな人々の中には「微積分に良い思い出がない」と感じている人も多いかもしれません．しかし，もしかしたら，それは，微分と積分を習った順序のせいかもしれません．いきなり高級な概念である微分から始めるより，大きさや広さといった易しい概念から始めれば，より直感的な理解が可能となり，もっと数学を楽しめた可能性もあります．

　ではなぜ，高校では微分を最初に教え，定積分を最後に教えるのでしょうか．次の column で考えてみたいと思います．

第 21 話

そくど   なに
測度って何?

ゼータ　さっき求めた3通りの確率 $\frac{1}{3}$, $\frac{1}{2}$, $\frac{1}{4}$ を,それぞれ積分を使ってきちんと計算してみよう.

景子　そうすると,それぞれの測度が,わかるのですね.

ゼータ　まず,(A) からいこう.全体では $0°$ から $180°$ の間にある角度 θ が,$60°$ から $120°$ の間にある確率だったね.

景子　これは,区間の長さの比をとるだけですから,積分で簡単に表せます.

ゼータ　微積分の計算は**弧度法**を用いよう.高校で習ったよね.

優　はい.弧度法では $180°$ が π ですから,言い換えると,$0 \leqq \theta < \pi$ のうち $\frac{\pi}{3} \leqq \theta < \frac{2}{3}\pi$ である確率,となります.

景子　そうすると,こうですね.

$$\frac{\int_{\frac{\pi}{3}}^{\frac{2}{3}\pi} d\theta}{\int_0^\pi d\theta} = \frac{1}{\pi} \int_{\frac{\pi}{3}}^{\frac{2}{3}\pi} d\theta = \frac{1}{3} \qquad ①$$

ゼータ　これが (A) の結論の式だ.数式番号①を付けておこう.次に,(B) を考えよう.

優　ℓ は,最大が円の半径 r で,そのうち $\frac{r}{2}$ 以下のときが,求める場合でした.

景子　となると,こうなりますね.

$$\frac{\int_0^{\frac{r}{2}} d\ell}{\int_0^r d\ell} = \frac{1}{r} \int_0^{\frac{r}{2}} d\ell = \frac{1}{2} \tag{②}$$

ゼータ ここで，θ と ℓ の関係は，どうなるかな？

優 図より $\ell = r\cos\theta$ となります．

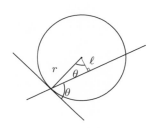

ゼータ もともと，θ の範囲は $0 \leqq \theta < \pi$ だったから，θ が鈍角のときには ℓ が負であると考えて，ℓ の範囲を $-r \leqq \ell < r$ に拡張しよう．

景子 ℓ は「距離」というより，「位置」を表すと解釈すればいいですね．

優 そうすると，線分の長さが1より大きくなるのは，$-\frac{r}{2} \leqq \ell < \frac{r}{2}$ のときになりますね．

景子 ②の確率は，こう書き換えられます．

$$\frac{\int_{-\frac{r}{2}}^{\frac{r}{2}} d\ell}{\int_{-r}^r d\ell} = \frac{1}{2r} \int_{-\frac{r}{2}}^{\frac{r}{2}} d\ell = \frac{1}{2} \tag{②'}$$

ゼータ では，これを θ の積分に書き換えてごらん．

優 まず，$\ell = r\cos\theta$ を微分して，$d\ell = -r\sin\theta d\theta$ ですね．

景子 そして，$\ell = -\frac{r}{2}$ のとき $\theta = \frac{2}{3}\pi$ であり，$\ell = \frac{r}{2}$ のとき $\theta = \frac{\pi}{3}$ ですから，こうなります．

$$② ' = \frac{1}{2r} \int_{\frac{2}{3}\pi}^{\frac{\pi}{3}} (-r\sin\theta)d\theta = \frac{1}{2} \int_{\frac{\pi}{3}}^{\frac{2}{3}\pi} \sin\theta d\theta = \frac{1}{2}$$

ゼータ よくできたね．この式を①と見比べてごらん．積分区間が揃ったから，測度の関係がわかるよね．

優 こうなっていますね．

(A) の測度	(B) の測度
$\dfrac{1}{\pi}d\theta$	$\dfrac{1}{2}\sin\theta d\theta$

ゼータ これで，(A) と (B) の設定の差がはっきりしたね．

景子 (A) では，棒が円に交わる確率が「θ によらず一定」としているのに対し，(B) は「その $\frac{\pi}{2}\sin\theta$ 倍」としているのですね．

ゼータ そのうち，定数の $\frac{\pi}{2}$ は別にして，$\sin\theta$ が掛けられているのが特徴だね．

優 直角に近いときに $\sin\theta$ が大きいので，円と直線が直角に近い角度で交わる確率を，大きめに算入していることになりますね．

ゼータ では次に，(C) について，(B) との関係を見てみよう．

景子 (B) との関係なので，② に揃えた形で (C) の式を導きたいですね．

優 さっき，(C) は面積比を使ってこのように求めましたが，これを積分の形に表せば良いのですね．

$$求める確率 = \frac{同心円の面積}{最初の円の面積} = \frac{(\frac{半径}{2})^2 \times 円周率}{(半径)^2 \times 円周率} = \frac{1}{4}$$

景子　ちょっと強引ですが，微分と積分は逆演算なので，「微分したもの」の積分として，面積を無理やり表すことならできそうです．

ゼータ　いいね．半径 ℓ の円の面積は $\pi\ell^2$ で，微分すると $2\pi\ell$ であることを使ってごらん．

優　上の式の面積のところが，こうなります．

$$\text{求める確率} = \frac{\int_0^{\frac{r}{2}} 2\pi\ell d\ell}{\int_0^r 2\pi\ell d\ell} = \frac{1}{\pi r^2} \int_0^{\frac{r}{2}} 2\pi\ell d\ell = \frac{2}{r^2} \int_0^{\frac{r}{2}} \ell d\ell = \frac{1}{4}$$

景子　さっき求めておいた $r = \frac{1}{\sqrt{3}}$ を使って②に合わせた形で書くと，こうなります．

$$\frac{2}{r^2} \int_0^{\frac{r}{2}} \ell d\ell = \frac{1}{r} \int_0^{\frac{r}{2}} 2\sqrt{3}\ell d\ell = \frac{1}{4} \qquad\qquad ③$$

ゼータ　②と③を比較すると，測度の関係がわかるね．②の測度 $d\ell$ に対し，③ではどんな測度を考えているかな？

景子　こうなります．

(B) の測度	(C) の測度
$d\ell$	$2\sqrt{3}\ell d\ell$

優　さっきと同様に，定数 $2\sqrt{3}$ はあまり重要でないけど，(C) の方に ℓ が掛けられているのが特徴ですね．

ゼータ　これより，(B)(C) の設定の違いを説明できるかい？

景子　(B) では，直線と円の中心との距離 ℓ によらず確率が一定ですが，(C) では，遠いほど確率が大きく算入されています．

ゼータ そう．線路上のように1次元的に棒を動かすか，それともダーツのように2次元的な広がりで縦横に動かすか，その差が表れているね．

優 そんな設定の違いを，測度で表すことができるのですね．

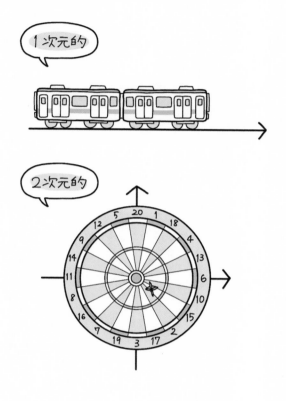

裏カリキュラムのすすめ

　数学の歴史からも，また，素朴な感覚からも，微積分は定積分から教えるのが最もわかりやすく理にかなっているのに，なぜ高校では微分から教えるのでしょうか．その理由は，カリキュラム上の効率のためです．

　アルキメデスの方法で面積や体積が容易に求められるのは，図形を構成する曲線が放物線（例：$y = x^2$）や三次曲線（例：$y = x^3$）のような「多項式関数」に限られます．分数関数（例：$y = 1/x$）や代数的無理関数（例：$y = \sqrt{x}$）には個々に特別な工夫が必要ですし，さらに三角関数 $y = \sin x$，対数関数 $y = \log x$ のような一般の関数では，そんな工夫を行うことすら非常に困難です．

　これに対し，微分の計算は容易で，ほとんどすべての関数に対して簡単に公式を導くことができ，それらを組み合わせれば大概の関数をたちどころに微分できます．したがって，アルキメデス以後に発見された多くの（多項式以外の）関数に対しては，最初に微分，その逆演算として不定積分，その応用として定積分という流れにせざるを得ないのです．したがって，仮に積分から教える場合，以下の手順を踏むことになります．

1. 多項式関数の積分（定積分→不定積分）
2. 多項式関数の微分
3. 微分と不定積分が逆演算であること（微積分学の基本定理）
4. 一般の関数の微分
5. 一般の関数の積分（不定積分→定積分）

　この方法は，1，2と4，5で微分と積分を2回ずつ教えるという無駄があります．そのため高校では1，2を省略して最初に4の微分から始め，のちに3，5を教える手順になっているのです．効率を考えるとそうせざるを得ないわけですが，その分，アルキメデスに始まる素朴な微積分の感性が犠牲になっているのです．

　限られた授業時間に教える内容を厳選しなければならないので，微積分ばかりに時間をかけていられないという事情はわかります．しかし，時間に余裕のある希望者で数学の感性を大切にしたいと思っている生徒さんに（塾や補習などで）1，2から教える「裏カリキュラム」があっても良いのではないかと思います．

第 22 話

シラキュース関数

ゼータ　測度がわかったところで，本題のコラッツ予想に戻ろう.

景子　この操作を繰り返すと，どんな自然数も1になるという予想でしたね.

- 偶数なら2で割る.
- 奇数なら3倍して1を足す.

ゼータ　まず，この予想が成り立ちそうか，実感を持つことが重要だ.

優　成り立ちそうかどうかは，どうしたらわかるのでしょうか.

ゼータ　この操作で数の大きさがどう変化するか，考えてごらん.

景子　偶数なら半分の 0.5 倍に小さくなり，奇数なら約3倍に大きくなります.

優　偶数と奇数がどれくらい現れるか，そのバランスが問題のようにも思えます.

ゼータ　偶数と奇数は半分ずつあるので，仮に均等に出現すると仮定したら，大きさはどうなるだろう?

景子　偶数と奇数が1回ずつ現れれば，約 $0.5 \times 3 = 1.5$ 倍になるので，元の数よりも大きくなります.

優　これを何度も繰り返すと数がどんどん増えていくことになりますね. おかしいな. それだと1になりません.

ゼータ　そうだよね．今の考えのどこが間違っていたかわかるかな？

景子　「偶数と奇数が均等に出現する」という仮定が違ったと思います．

優　えっ？　どうして違うって言えるの？

景子　奇数に「3倍して1を足す」という操作を施すと，必ず偶数になるからよ．

ゼータ　よく気がついたね．奇数の次は例外なく偶数になるので，「均等に出現する」は誤りなんだ．

優　なら，どうしたらいいんでしょうか．

景子　奇数の次は偶数が確定なので，「3倍して1を足す」の後に「2で割る」ところまで含めて1つの操作としたらどうかしら．

ゼータ　さすがは景子ちゃん．よく気がついたね．コラッツの問題は結局，

- 偶数なら2で割る．
- 奇数なら3倍して1を足してから2で割る．

という操作で考えても同じことなんだ．

優　絶対に起きない「奇数の次の奇数」という場合を排除したわけですね．

ゼータ　つまり，自然数 N に対し，次の数をこんなふうに考えれば良い．

$$N \longrightarrow \begin{cases} \dfrac{N}{2} & (N \text{ は偶数}) \\[2mm] \dfrac{3N+1}{2} & (N \text{ は奇数}) \end{cases}$$

景子　今度は N が偶数でも奇数でも，次が偶数になることもあれば奇数に
　　　なることもありますね．

ゼータ　どちらになることもあり得るから，仮に偶数と奇数が均等に現れると
　　　すると，どうなるかな．

優　　偶数なら 0.5 倍，奇数なら「約 3 倍の半分で約 1.5 倍」になりますか
　　　ら，偶数と奇数が 1 回ずつ出れば約 $0.5 \times 1.5 = 0.75$ 倍になります．

景子　もとの数よりも少し小さくなりますね．

優　　これが繰り返されれば，数はどんどん小さくなるから，最後は 1 に行
　　　きそうな気がします．

ゼータ　そうだね．もし，偶数と奇数が均等に出現すれば，コラッツ予想は成
　　　り立ちそうだと言える．これが 1 つの根拠になっているんだ．

景子　均等に出現するということは，ある意味で「ランダム」ということで
　　　すよね．

優　　ここでも，今日のキーワードとおっしゃった「ランダム性」が関係あ
　　　るのですね．

ゼータ　そうなんだ．コラッツ予想の根源は，整数の世界に潜んでいる，まだ
　　　人間が意識したことのない「**ランダム性**」であるといえそうだ．

景子　（少し考えて）うーん，それに含まれるのかもしれませんが，少し別の
　　　根拠もあるように思います．

優　　え，どんなこと？

景子　奇数が大きくなるときは倍率が約 1.5 倍に確定しているけど，偶数が小さくなるときはもっと一気に減ることがあるからよ．

優　たしかに，偶数は2の倍数だけど，そのうち半分は4の倍数にもなっているから，2で割った次にもう一度2で割るんだね．

景子　極端な話，どんな大きな数でも「2のべき乗」なら，そこから1に行くことは確定よね．たとえば $2^9 = 512$ なら，

$$2^9 \xrightarrow{\div 2} 2^8 \xrightarrow{\div 2} 2^7 \xrightarrow{\div 2} 2^6 \xrightarrow{\div 2} 2^5 \xrightarrow{\div 2} 2^4 \xrightarrow{\div 2} 2^3 \xrightarrow{\div 2} 2^2 \xrightarrow{\div 2} 2 \xrightarrow{\div 2} 1$$

優　素因数分解したときに，素因数「2」をどれくらい多く含むかがポイントなのかな？

景子　そうね．2をたくさん含めば，それを全部取り除くから一挙に小さくなるわね．

ゼータ　2人とも，いいところに気がついたね．それはとても重要なんだよ．そこで「N が含む素因数2の個数」を $\nu_2(N)$ とおこう．

$$\nu_2(8) = \nu_2(2^3) = 3$$
$$\nu_2(10) = \nu_2(2 \cdot 5) = 1$$
$$\nu_2(1024) = \nu_2(2^{10}) = 10$$

優　ν は何と読むのですか？

ゼータ　「ニュー」だよ．「n」のギリシャ文字だね．「個数」を表す number の頭文字から来ている．

景子　n は他の用途でよく使う記号だから，重複を避けたのですね．

優　添え字の「2」が付いているので，式が複雑に見えてしまいます．

ゼータ たしかに，「2」以外は使わないので，単に $\nu(N)$ としても良いのだけど，そうすると，記号を暗記しなくてはならなくなるからね．

景子 もし，「$\nu(N)$ って何だっけ？」 となったら，そのたびに復習するのも手間ですしね．

優 それで，忘れないように，わざと「2」を付けているわけですね．

ゼータ 見た目は複雑でも，中身は単純だから，頑張ってついてきてほしいな．

景子 N が素因数「2」をたくさん含むと一気に小さくなるという現象は，$\nu_2(N)$ を使うと具体的に表せますね．

優 コラッツ予想のこのルールを，それがわかるように書き換えてみようよ．

- 偶数なら2で割る．
- 奇数なら3倍して1を足してから2で割る．

景子 まず，偶数の「2で割る」が「$2^{\nu_2(N)}$ で割る」になります．

ゼータ 2で割る回数が，1回でなく $\nu_2(N)$ 回なので，一気に小さくなるわけだね．

優 奇数は，「3倍して1を足した答」から素因数「2」をすべて取り除くことになりますね．

景子 式で書くと，N の次の数はこんなふうになると思います．

$$N \longrightarrow \begin{cases} \dfrac{N}{2^{\nu_2(N)}} & (N \text{ は偶数}) \\[2mm] \dfrac{3N+1}{2^{\nu_2(3N+1)}} & (N \text{ は奇数}) \end{cases}$$

ゼータ　よく考えたね．これでも合っているんだけど，もう少し整理したいね．この操作において，N の次の数が偶数になることはあり得ないよね．

景子　なるほど．どの数からも素因数「2」をすべて取り除いているので，答は必ず奇数となり，途中で偶数は一度も登場しないですね．

ゼータ　つまり，すべての奇数 N に対して，こんな関数を考えれば良いことになる．

$$\frac{3N+1}{2^{\nu_2(3N+1)}}$$

優　そしてこれがまた奇数になり，この操作を繰り返し施して，いつか 1 になることが「コラッツ予想」なのですね．

ゼータ　この関数には「**シラキュース関数**」という名前がついている．記号は Syr だよ．シラキュース（Syracuse）の最初の 3 文字だね．

$$\mathrm{Syr}(N) = \frac{3N+1}{2^{\nu_2(3N+1)}}$$

景子　シラキュースは，初期の頃にコラッツ予想を研究した大学の名前でしたね．

優　そうすると，コラッツ予想は「どんな奇数 N も，シラキュース関数を繰り返し施していけば，いずれ 1 になる」となりますね．

景子　式で書くと，こんな感じでしょうか．

$$\underbrace{\mathrm{Syr}(\mathrm{Syr}(\cdots\mathrm{Syr}(}_{n\,\text{個の Syr}}N\underbrace{)\cdots))}_{n\,\text{個の括弧}} = 1$$

ゼータ　この左辺を $\mathrm{Syr}^n(N)$ で表そう．

優　コラッツ予想は「どんな奇数 N も，n を大きくしていくと，いつか必ず $\mathrm{Syr}^n(N) = 1$ となる」となりますね.

景子　たとえば，さっき，$N = 7$ は16回の操作で1になりましたけど，

$$7 \xrightarrow{\times 3+1} 22 \xrightarrow{\div 2} 11 \xrightarrow{\times 3+1} 34 \xrightarrow{\div 2} 17 \xrightarrow{\times 3+1} 52 \xrightarrow{\div 2} 26 \xrightarrow{\div 2} 13$$

$$\xrightarrow{\times 3+1} 40 \xrightarrow{\div 2} 20 \xrightarrow{\div 2} 10 \xrightarrow{\div 2} 5 \xrightarrow{\times 3+1} 16 \xrightarrow{\div 2} 8 \xrightarrow{\div 2} 4 \xrightarrow{\div 2} 2 \xrightarrow{\div 2} 1$$

記号 $\mathrm{Syr}(N)$ で表すと，5回の操作になります.

$$7 \xrightarrow{\mathrm{Syr}} 11 \xrightarrow{\mathrm{Syr}} 17 \xrightarrow{\mathrm{Syr}} 13 \xrightarrow{\mathrm{Syr}} 5 \xrightarrow{\mathrm{Syr}} 1$$

優　$n = 5$ に対して $\mathrm{Syr}^n(7) = 1$ が成り立つので，$N = 7$ は「コラッツ予想」を満たすわけですね.

ランダウのO記号

column 21 でお勧めした「裏カリキュラム」はどうしたら実践できるのでしょうか. 微分積分学を積分から始めるには, 曲線で囲まれた図形の面積を求める必要がありますが, それは高校で習う数列の**「和の公式」**を使って計算できます.

$$\sum_{k=1}^{n} k^2 = \frac{1}{3}n(n+1)(n+\frac{1}{2}), \qquad \sum_{k=1}^{n} k^3 = \frac{1}{4}n^2(n+1)^2$$

これらを用いると曲線 $y = x^2$ や $y = x^3$ が囲む図形の面積がわかり, その結果,

$$\int x^2 dx = \frac{1}{3}x^3 + C, \qquad \int x^3 dx = \frac{1}{4}x^4 + C \qquad (C \text{ は積分定数})$$

といった積分公式を (微分を経由せずに) 得られます. すると, 一般の積分公式

$$\int x^r dx = \frac{1}{r+1}x^{r+1} + C \qquad\qquad (*)$$

を得るには, すべての r に対して和の公式 $\displaystyle\sum_{k=1}^{n} k^r$ があればよいことがわかります. ところが, それらは煩雑で扱うのが困難です. どうしたらよいでしょうか.

解決のカギは, 第13話のハーマンとルイスのところで登場した着想「次数が最も重要, 最高次の係数が2番目に重要」にあります. 上記の「和の公式」を

$$\sum_{k=1}^{n} k^2 = \frac{1}{3}n^3 + (2乗以下), \qquad \sum_{k=1}^{n} k^3 = \frac{1}{4}n^4 + (3乗以下)$$

のように, 不要な項を略して記すのです. この略記は, 20世紀初頭に整数論で多くの業績を挙げた著名な研究者ランダウが定義した「O記号」によって可能になります. 記号 $O(n^r)$ で「r乗以下の何らかの式」を (数学的に必要な厳密性を保ったまま) 表すのです. この形式なら, 一般の実数 r に対しても容易に

$$\sum_{k=1}^{n} k^r = \frac{1}{r+1}n^{r+1} + O(n^r)$$

を示すことができ, そこから x^r の積分公式 $(*)$ を証明できます. こうした工夫により, 微分積分学の裏カリキュラムの実践が可能[a]となります.

---

[a] 詳細は拙著「すべての人の微分積分学」(日本評論社, 中島さち子氏との共著) をご参照ください.

ゼータ　いよいよ，コラッツ予想について，最近の進展を話すときが来たよ．

景子　先ほどは，テラスとエベレットの1970年代の業績を伺いました．

ゼータ　彼らの定理を，記号 Syr で言い換えると，どうなるかな．

優　「ほとんどすべての奇数 N に対し，ある自然数 n が存在して，$\mathrm{Syr}^n(N) < N$ となる」でしょうか．

景子　この不等式「N より小さい」は，目標である「1になる」と比べると，まだまだ大きくて，予想の解決には遠いですね．

ゼータ　不等式の右辺の「N」は，その後改良され，1990年代には「$N^{0.7924}$」まで下げられた．

優　それでもまだ，1には遠く及ばないですね．

ゼータ　それが今回，カリフォルニア大学の数学者**タオ**によって，劇的な改善[1]が得られたんだ．

景子　どんな結果ですか？

ゼータ　不等式の右辺を「無限大に発散するような，任意の増加関数 $f(N)$」にしたんだよ．

---

[1]　T. Tao: "Almost all orbits of the Collatz map attain almost bounded values" Forum Mathematics Pi. **10** (2022) Paper No. e12, 56 pp.

優　それはつまり，こういうことでしょうか．

無限大に発散するような増加関数 $f(N)$ を任意に取ると，ほとんどすべての奇数 N に対し，ある n が存在して，次式が成り立つ．

$$\mathrm{Syr}^n(N) < f(N)$$

景子　$f(N)$ は，どんなにゆっくり増加しても良いのでしょうか．

ゼータ　さすが景子ちゃん．良いところに気がついたね．無限大に発散する増加関数なら，何でも良いわけだよ．

優　（かなり考えて）そうすると，この定理は，もしかしたら，コラッツ予想の解決に，かなり近いことを言っていませんか？

景子　私も，そんな気がします．たとえば，N が何百桁もある巨大な数だったとしても，$f(N) = 2$ となるような関数 f を選べますよね．

優　そうです．そうすれば，$\mathrm{Syr}^n(N) < f(N) = 2$ より $\mathrm{Syr}^n(N) = 1$ となり，N がコラッツ予想を満たすことがわかります．

景子　あ，でも，すべての N じゃなくて「ほとんどすべて」だから，N が例外に入っていたら，成り立ちませんね．

優　なるほど．例外を除けば，成り立つわけですね．

ゼータ　$f(N)$ をいくらでも 1 に近く取れるという意味から，この定理をこんなふうに表現することもあるよ．

ほとんどすべての自然数 N は，コラッツ予想をほとんど満たす．

景子　「ほとんど」が2回も入っていて，一見，「わけがわからない文章」ですね（笑）.

優　でも，コラッツ予想に肉薄している雰囲気は伝わってきます.

景子　これは「ほとんどすべての自然数 N はコラッツ予想を満たす」と違うのでしょうか. つまり，2つ目の「ほとんど」はなくても同じでは？

優　たしかに，先ほど，巨大な N でも $f(N) = 2$ とすることで「例外を除けば成り立つ」という結論を得ましたから，同じ意味に思えます.

ゼータ　さすが，2人とも鋭い質問だね. 実は，そこがタオの業績の肝となるポイントなので説明するよ. 少し難しいけど，頑張って聞いて欲しいな.

景子　はい. 頑張ります. よろしくお願いします.

ゼータ　たしかに，ある巨大な数 N に対し，$f(N) = 2$ となる関数 f を選べば，例外を除いて N がコラッツ予想を満たすと言える.

優　それが，任意の N について言えるわけではないのですか？

ゼータ　さらに巨大な N について言いたければ，関数 f を取り換える必要があるよね.

景子　そうですね. さらにゆっくり増加する関数に変える必要があります.

ゼータ　タオの定理は，関数 f を1つ決めるごとに，「ほとんどすべての自然数がコラッツ予想をほとんど満たす」というものなんだ.

優　ということは，例外となる N は，f を決めるごとに変わるということですか.

ゼータ　その通り．だから，個々の N について言えたとしても，自然数全体ではどうなっているかわからないわけだ．

景子　自然数全体で示すには，関数 f を「よりゆっくり増加する関数」に変えていったときの「極限的な状態」を考える必要がありますね．

優　そうすると，例外となる自然数の集合も，集合を動かして得られる「極限的な集合」になりますね．

ゼータ　そのイメージで合っているよ．

景子　それなら，各々の場合に，例外となる自然数の集合は「0％」なのですから，その極限の集合もまた「0％」ではないのでしょうか．

優　それなら結局，「ほとんどすべての自然数に対してコラッツ予想が成立」となります．

ゼータ　ところが，そうはいかないんだ．「0％」の集合の極限は，必ずしも「0％」とは限らないんだよ．

景子　そうなんですか？　ちょっと信じられません．

ゼータ　たとえば，$1, 2, 3, 4, \cdots$ といった自然数全体は，実数の中で「0％」だよね．

優　それはそうですね．ルーレットがぴったりの値になる確率が「0％」だったのと似ているので，理解できます．

ゼータ　すると，$1.1, 1.2, 1.3, \cdots$ といった「小数点以下1桁の数」の全体も，同じく「0％」だよね．

景子 そうですね．あれ？　そうすると，もしかして……

ゼータ そうなんだ．1.11, 1.12, 1.13, ⋯ といった「小数点以下2桁の数」の全体も，また「0%」になる．

優 これを繰り返すと，小数点以下何桁でも，有限の桁数なら，それらの全体は「0%」ですね．

景子 でも，そうやって桁数を増やしていって，極限をとったら，その集合は実数の全体になるから，何と「100%」ですね．

優 不思議ですが，認めざるを得ないです．

ゼータ だから，タオの定理からは，本来のコラッツ予想に対する例外が「0%」とは言えないわけだ．

景子 定理で述べているように，「$f(N)$ より小さい」に対する例外は，「0%」が成り立っているわけですよね．

優 にもかかわらず，最終的に「コラッツ予想を満たす」に対する例外は，「0%」とは限らないのですね．

ゼータ そういうわけで，タオの定理は，「ほとんど成立」の「ほとんど」を外すことはできないんだ．

景子 「外すことができない」という事実自体が，何だか深いです．数学の奥深さを物語っている感じがします．

優 でも，タオの定理はやっぱりすごいんですよね．

ゼータ 画期的な進展と言われているね．ただ，本人は「全然届いていない」と言っているけど．

景子 謙虚な発言ですね．

ゼータ 人柄が謙虚ということもあるだろうけど，それよりも純粋に数学的な定理としての価値を論じているのだろうね．

優 例外集合の極限が「0%」に限らないので，タオとしては不満足な定理なのかもしれませんね．

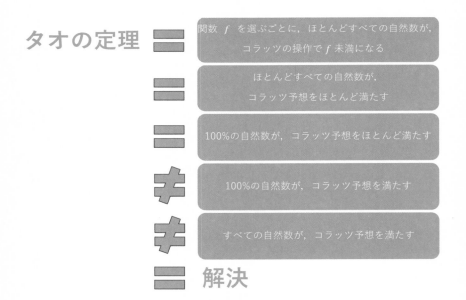

タオの定理 ＝
関数 f を選ぶごとに，ほとんどすべての自然数が，
コラッツの操作で f 未満になる

＝
ほとんどすべての自然数が，
コラッツ予想をほとんど満たす

＝
100%の自然数が，コラッツ予想をほとんど満たす

≠
100%の自然数が，コラッツ予想を満たす

≠
すべての自然数が，コラッツ予想を満たす

＝ 解決

二項定理と裏カリキュラム

高校で習う「**二項定理**」は，二項係数 $_r\mathrm{C}_n$ を用いて次のように書かれます．

$$(a+b)^r = \sum_{n=0}^{r} {}_r\mathrm{C}_n a^{r-n} b^n \quad \left({}_r\mathrm{C}_n = \frac{r(r-1)(r-2)\cdots(r-n+1)}{n!} \right)$$

左辺を a^r で割ると $(1+\frac{b}{a})^r$ となり，$x=\frac{b}{a}$ とおけば $(1+x)^r$ となり，二項定理は次の形になります．

$$(1+x)^r = \sum_{n=0}^{r} {}_r\mathrm{C}_n x^n$$

証明は，左辺を単に展開するだけでできますが，別の方法もあります．それは，

$$(1+x)^r = \sum_{n=0}^{r} a_n x^n \tag{$*$}$$

とおき，最初に $a_0 = {}_r\mathrm{C}_0$，次に $a_1 = {}_r\mathrm{C}_1$ と，1つ1つ示していく方針です．

まず $(*)$ の両辺に $x=0$ を代入すると両辺の定数項が残り，左辺は1，右辺は a_0 であることから $a_0 = 1 = {}_r\mathrm{C}_0$ がわかり，次に $(*)$ の両辺を微分してから $x=0$ を代入すると，微分した式の両辺の定数項から $a_1 = r = {}_r\mathrm{C}_1$ がわかります．その次は，再度 $(*)$ の両辺を微分して $x=0$ を代入し，再び定数項から $2a_2 = r(r-1)$ すなわち，$a_2 = \frac{r(r-1)}{2} = {}_r\mathrm{C}_2$ を得ます．こうして「微分して0を代入」の操作を繰り返すことで，その時点の定数項である a_n が次々に求まり，最終的に（数学的帰納法によって）すべての n に対して $a_n = \frac{r(r-1)(r-2)\cdots(r-n+1)}{n!} = {}_r\mathrm{C}_n$ を証明できます．こうして $(*)$ の別証明が得られます．

もともと，単に展開するだけで得られた二項定理を，別の方法で証明することに，何か効用があるのでしょうか．実は，2つの意味で大きな効果があります．第一に，この新しい証明は，微分積分学における重要な着想に直結します．それは，関数という概念に革命をもたらすと言えるほどです．そして第二に，上の証明を用いると二項定理の一般化が可能となり，それによって，微分と積分の順序を入れ替えた裏カリキュラムでも，微分積分学の重要事項を網羅した教え方ができるようになるのです．これらについて，次の column で説明します．

景子　これで，タオの定理の意義がようやくわかってきました.

> 「ほとんどすべての自然数 N は，コラッツ予想をほとんど満たす」

優　こんな定理を，いったいどうやって証明したのでしょうか.

ゼータ　出版されたタオの論文は50ページ以上あるから，すべてを説明することはできないけど，要点をかいつまんで伝えよう.

景子　証明の方針だけでも，タオのアイディアに触れられたら嬉しいです.

ゼータ　さっき，奇数 N に対して $3N+1$ が持つ素因数「2」の個数 $\nu_2(3N+1)$ が，解決のカギになることを考察したよね.

優　そうですね．$\nu_2(3N+1)$ が大きければ，$2^{\nu_2(3N+1)}$ で割ると急激に減少して1に近づきますから，コラッツ予想の解決に近づけます.

ゼータ　さっきはもう1つ，ランダム性とコラッツ予想の関係を考えたよね.

景子　「もし偶数と奇数が均等に現れたら，コラッツ予想は成り立つ」ということがわかりました.

優　偶数なら 0.5 倍，奇数なら約3倍してから2で割るから 1.5 倍．もし1回ずつ起こると，$0.5 \times 1.5 = 0.75$ 倍で，数が小さくなるからですね.

ゼータ　タオは，ランダムな自然数が「素因数2を何個持つか」に着目したんだ.

景子　「ランダムな自然数」というものがあるのですか？「素因数2を何個持つか」は，自然数によって変わりますよね．

ゼータ　ランダムな自然数とは，特定の自然数を指すわけではないよ．「素因数2を何個持つ確率がどれくらいか」を考えるんだ．

優　つまり，さっき習った「**測度**」ですね．なるほど．ここで話がつながるわけですか．

ゼータ　そこで「ランダムな自然数が素因数2を a 個以上持つ確率」は，いくつだと思う．

景子　「2^a の倍数」ですから，自然数 2^a 個に1個の割合で起きますよね．

優　そうすると，その確率は $\dfrac{1}{2^a}$ でしょうか．

ゼータ　そうだね．その確率 p を棒グラフで表すと，このようになるだろうね．

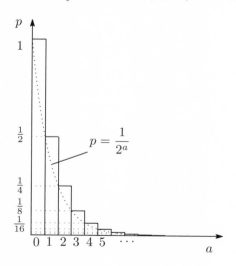

景子　前に習った「測度のグラフ」ですね．

優　これが「ランダムな自然数が持つ素因数2の個数」を表すのですね.

ゼータ　タオは，コラッツの操作で現れる数の列が，ランダムな自然数の列と「近い性質を持つ」ことを示したんだ.

景子　コラッツの操作で現れる数とは，シラキュース関数を繰り返し施して得られる数列のことですか？

優　シラキュース関数の値は奇数だから，素因数2を含まないよ.

景子　では，2で割る前の「3倍して1を足す」操作を施した時点の数のことね. それが「素因数2を何個含むか」が問題なのね.

ゼータ　2人とも良く考えたね. まず，自然数 N にシラキュース関数を繰り返し施した奇数の列を考えるわけだね. 最初の n 項はこうなるね.

$$N, \quad \mathrm{Syr}(N), \quad \mathrm{Syr}^2(N), \quad \cdots, \quad \mathrm{Syr}^{n-1}(N)$$

優　次に，これに「3倍して1を足す」という操作を施すのですね.

$$3N+1, \quad 3\mathrm{Syr}(N)+1, \quad 3\mathrm{Syr}^2(N)+1, \quad \cdots, \quad 3\mathrm{Syr}^{n-1}(N)+1$$

ゼータ　これらが「素因数2を何個含むか」が重要なわけだ. つまり，各項の ν_2 の値なので，このような「n 項からなる数列」だね.

$$\nu_2(3N+1), \nu_2(3\mathrm{Syr}(N)+1), \nu_2(3\mathrm{Syr}^2(N)+1), \cdots, \nu_2(3\mathrm{Syr}^{n-1}(N)+1)$$
$$\cdots\cdots\text{数列①}$$

景子　タオは，この数列①と，ランダムな自然数に含まれる「素因数2の個数」の列が，似ていることを発見したのですか？

ゼータ　ランダムな自然数を X と置くと，n 回繰り返して X を選ぶ感じだね. これも「n 項からなる数列」で，式で表すとこうなるよ.

$$\underbrace{\nu_2(X), \qquad \nu_2(X), \qquad \nu_2(X), \quad \cdots, \qquad \nu_2(X)}_{n \text{個}}$$

$\cdots\cdots$数列②

優 タオは，これを数列①と比べたんですね．

景子 数列②の X は毎回ランダムに選ぶのに対し，N は最初に決めた1つの自然数で，それをもとに数列①を作っている点が異なりますね．

ゼータ そこがポイントだね．その意味で，N と X の記号の使い方が少し異なるから，注意する必要があるよ．

優 $\nu_2(X)$ の測度は，さっきのグラフでわかっていますから，数列②の測度は，それの組合せで計算できそうです．

景子 一方，数列①の測度はわからないのでしょうか．

ゼータ まさに，それがコラッツ予想の解決に直結するわけだね．

優 コラッツの操作で自然数がランダムに出現すれば，コラッツ予想は成り立つからですね．

景子 タオはこの2つの測度が等しいことを証明したのですか．

ゼータ **タオの定理**を易しい言葉で言い換えると，以下の形になるよ．

> N が 2^{2n} に比べて十分大きければ，数列①と②の**測度の隔たり**[*1]は，$n \to \infty$ のときに0に収束する．

■ ◆ ◆ ◇ ◇ ■ ◆ ◇ ◆ ◆

[*1] 原語は total variation. 分野によって「全変動」「総変動」など複数の訳語がある．

関数という概念の革命

column 23 で紹介した二項定理の新証明は，$f(x) = (1+x)^r$ を n 回微分し $x = 0$ を代入することで，a_n を求める方法でした．「$f(x)$ の n 階導関数」を，記号 $f^{(n)}(x)$ で表すと，証明の方針は「$f^{(n)}(0) = n!a_n$ より $a_n = \dfrac{f^{(n)}(0)}{n!}$」と1行で書けます．すると，**二項定理**の新たな表記が以下のように得られます．

$$f(x) = (1+x)^r = \sum_{n=0}^{r} \frac{f^{(n)}(0)}{n!} x^n$$

この右辺をじっと見ていると，あることに気づきます．それは，各係数が「0における値」のみで決まるということです．そもそも「**関数**」とは，すべての x の値に対して新しい値 $f(x)$ を定める規則です．それが関数の概念でした．

ところが，「0における値」のみで r 次関数が定まるということは，$x = 0$ の瞬間にすべての x の運命が決まってしまうということです．これはちょうど，就職面接の短時間（$x = 0$ における値）で面接官が応募者の全人格（すべての x を含めた関数の全貌）がわかる，と言っているようなものです．人間が相手の場合は，熟練した面接官であっても100％見極めることは困難かもしれませんが，関数の場合はそれが可能であると，二項定理は述べているのです（ただし，面接官が応募者の表面的な発言のみにとらわれず，表情やしぐさにも注目して人物を把握しようと努めるのと同様，関数も表面的な値 $f(0)$ だけでなく，高階導関数 $f^{(n)}(0)$ も必要になります）．これはいわば，関数という概念に対する革命であり，この意識を極めたものが，大学の微分積分学の最重要事項である「**テイラー展開**」（**マクローリン展開**）となります．

ところで column 23 では，二項定理の新証明の効用が2つあると書きました．第二の効用は，二項定理の一般化が可能になることです．この新証明は「r が非負整数」の仮定を用いていないからです．一般の r でも「微分して0を代入」ができ，同じ証明が可能です．たとえば $r = \frac{1}{2}$ なら $(1+x)^{\frac{1}{2}} = \sqrt{1+x}$ という無理関数を，$r = -1$ なら $(1+x)^{-1} = \frac{1}{1+x}$ という分数関数を扱えます．裏カリキュラムの実践において，実際に計算可能な「r 乗」の仲間を増やすことが有効ですが，二項定理の一般化によってそれも可能となるわけです．

第 25 話

泥だらけのサイコロ

優 易しい言葉に言い換えたにしては，随分難しいですね．

景子 知らない言葉があります．**測度の「隔たり」**とは何ですか？

ゼータ 2つの測度の違いを表す量だよ．隔たりは「**距離**」だから distance の頭文字をとり記号 d で表すよ．「X, Y の隔たり」の定義はこの通り．

$$d(X, Y) = \sum_{\substack{\text{すべての } r \text{ にわたる}}} \left| (X = r \text{ となる確率}) - (Y = r \text{ となる確率}) \right|$$

優 X, Y には，各値を取る確率，つまり測度が決まっているのですね．

景子 $d(X, Y)$ は「X, Y の確率の差の絶対値をすべて加えたもの」ですね．

優 実感がつかめないのですが，実例を計算してみることはできますか？

ゼータ たとえば，X が普通のサイコロ，Y は細工がしてあり，1が出そうになるたびにもう1回だけ転がって必ず2が出るサイコロだとする．

景子 X の確率は，どの目も対等なので，こんなふうですね．

X	1	2	3	4	5	6
確率	$\frac{1}{6}$	$\frac{1}{6}$	$\frac{1}{6}$	$\frac{1}{6}$	$\frac{1}{6}$	$\frac{1}{6}$

X の確率分布

優 Y は，1の分の確率が2に上乗せされるので，こうなります．

Y	1	2	3	4	5	6
確率	0	$\frac{1}{3}$	$\frac{1}{6}$	$\frac{1}{6}$	$\frac{1}{6}$	$\frac{1}{6}$

Y の確率分布

ゼータ 確率が異なるのは $r = 1, 2$ で，確率の差はそれぞれこうなるよね．

$$\left|\frac{1}{6} - 0\right| = \frac{1}{6}, \qquad \left|\frac{1}{6} - \frac{1}{3}\right| = \frac{1}{6}$$

景子 そうすると，X, Y の「隔たり」はこうなりますね．

$$d(X, Y) = \frac{1}{6} + \frac{1}{6} = \frac{1}{3}$$

優 「隔たり」が「差の総和」だという意味が，わかってきた気がします．

ゼータ さて，コラッツ予想では操作を繰り返すので，シラキュース関数を繰り返し施して出てくる数の列が重要だよね．

景子 単独の自然数でなく，それが動く先を含めた複数の数の組を考えるわけですね．まるで，高校で習ったベクトルみたいです．

ゼータ その通り．n 項からなる数列①と②を，n 次元ベクトルのように「n 個の数の組」と見て，値の組合せの確率を考えるんだ．

優 サイコロを，何度も続けて振るようなものでしょうか？

ゼータ そうだね．たとえば，2回振って出た目の組合せの確率はどうなるかな．

景子 サイコロ X を2回続けて振ったら，こんな確率になります．

$X_2 \backslash X_1$	1	2	3	4	5	6
1	$\frac{1}{36}$	$\frac{1}{36}$	$\frac{1}{36}$	$\frac{1}{36}$	$\frac{1}{36}$	$\frac{1}{36}$
2	$\frac{1}{36}$	$\frac{1}{36}$	$\frac{1}{36}$	$\frac{1}{36}$	$\frac{1}{36}$	$\frac{1}{36}$
3	$\frac{1}{36}$	$\frac{1}{36}$	$\frac{1}{36}$	$\frac{1}{36}$	$\frac{1}{36}$	$\frac{1}{36}$
4	$\frac{1}{36}$	$\frac{1}{36}$	$\frac{1}{36}$	$\frac{1}{36}$	$\frac{1}{36}$	$\frac{1}{36}$
5	$\frac{1}{36}$	$\frac{1}{36}$	$\frac{1}{36}$	$\frac{1}{36}$	$\frac{1}{36}$	$\frac{1}{36}$
6	$\frac{1}{36}$	$\frac{1}{36}$	$\frac{1}{36}$	$\frac{1}{36}$	$\frac{1}{36}$	$\frac{1}{36}$

X^2 の確率分布

優　1回目が X_1，2回目が X_2 ですね．どちらも各々の目が確率 $\frac{1}{6}$ で出るので，(X_1, X_2) の各組合せは $\frac{1}{6} \times \frac{1}{6} = \frac{1}{36}$ となり，表が得られます．

景子　次に，サイコロ Y を2回振ったら，こんなふうになります．

$Y_2 \backslash Y_1$	1	2	3	4	5	6
1	0	0	0	0	0	0
2	0	$\frac{1}{9}$	$\frac{1}{18}$	$\frac{1}{18}$	$\frac{1}{18}$	$\frac{1}{18}$
3	0	$\frac{1}{18}$	$\frac{1}{36}$	$\frac{1}{36}$	$\frac{1}{36}$	$\frac{1}{36}$
4	0	$\frac{1}{18}$	$\frac{1}{36}$	$\frac{1}{36}$	$\frac{1}{36}$	$\frac{1}{36}$
5	0	$\frac{1}{18}$	$\frac{1}{36}$	$\frac{1}{36}$	$\frac{1}{36}$	$\frac{1}{36}$
6	0	$\frac{1}{18}$	$\frac{1}{36}$	$\frac{1}{36}$	$\frac{1}{36}$	$\frac{1}{36}$

Y^2 の確率分布

優　決して1の目は出ないので，Y_1 も Y_2 も，1の目の確率は0ですね．

景子　そして，Y_1，Y_2 の一方のみが2となる確率は，$\frac{1}{6} \times \frac{1}{3} = \frac{1}{18}$ です．

優　Y_1，Y_2 が両方とも2の確率は，$\frac{1}{3} \times \frac{1}{3} = \frac{1}{9}$ です．

ゼータ サイコロを2回振ったときの変数を X^2, Y^2 と表そう．X^2 と Y^2 の隔たりはどうなるかな．

景子 Y^2 の表では，0が11個，$\frac{1}{18}$ が8個，$\frac{1}{9}$ が1個なので，こうなります．

$$d(X^2, Y^2) = 11 \times \left| \frac{1}{36} - 0 \right| + 8 \times \left| \frac{1}{36} - \frac{1}{18} \right| + 1 \times \left| \frac{1}{36} - \frac{1}{9} \right| = \frac{11}{18}$$

ゼータ さっきの $d(X, Y) = \frac{1}{3}$ より，増えているよね．同じ試行を繰り返すと「隔たり」は大きくなるんだ．

景子 あれ？ でも，そうすると変ですね．タオの定理の「隔たりが0に近づく」とは，何を意味しているのでしょうか．

ゼータ タオの定理をもう一度見てごらん．

> N が 2^{2n} に比べて十分大きければ，数列①と②の測度の隔たりは，$n \to \infty$ のときに0に収束する．

景子 $n \to \infty$ ということは，数列の項数を無限大にするということですね．

優 n はコラッツの操作の回数でもあるので，何度も操作を繰り返すと，次第にランダムに近くなっていくということですね．

ゼータ 「ランダムに自然数を選ぶ操作」を，「細工をしていないサイコロを振ること」に例えて考えてみよう．

景子 どの目も均等に，偏りなく出るということですね．

優 コラッツの「3倍して1を足す」という操作を行った結果は，ランダムに選んだものとは異なりますよね．

ゼータ それは，出る目が不均等な，細工がしてあるサイコロに例えられるね．

景子 タオの定理は，サイコロを何度も振っていくうちに，次第に細工の効果がなくなり，普通のサイコロに近くなっていくということですか．

ゼータ 最初は泥まみれのサイコロで，表面に付着した泥や異物のため，均等に目が出ない状況を想像するといいよ．

優 何度も振るうちに泥が取れてきれいになり，均等に目が出るようになるわけですね．

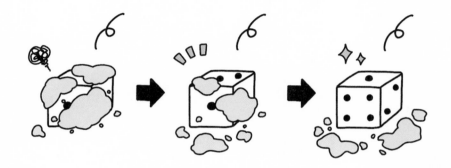

ゼータ それで大まかな解釈は合っているよ．でもタオの定理はもう一段階深いことを言っているので，それも説明しよう．

景子 それは興味深いです．ぜひお願いします．

ゼータ 今度は，1回目に Y，2回目に X を振ったらどうなるか，計算してごらん．そのときの変数を "YX" とおき，X^2 と比べてみよう．

景子 Y は決して1の目が出ず，その分が2の目になるけど，それ以外の目が出る確率はさっきと同様で均等ですから，こうなります．

$X\backslash Y$	1	2	3	4	5	6
1	0	$\frac{1}{18}$	$\frac{1}{36}$	$\frac{1}{36}$	$\frac{1}{36}$	$\frac{1}{36}$
2	0	$\frac{1}{18}$	$\frac{1}{36}$	$\frac{1}{36}$	$\frac{1}{36}$	$\frac{1}{36}$
3	0	$\frac{1}{18}$	$\frac{1}{36}$	$\frac{1}{36}$	$\frac{1}{36}$	$\frac{1}{36}$
4	0	$\frac{1}{18}$	$\frac{1}{36}$	$\frac{1}{36}$	$\frac{1}{36}$	$\frac{1}{36}$
5	0	$\frac{1}{18}$	$\frac{1}{36}$	$\frac{1}{36}$	$\frac{1}{36}$	$\frac{1}{36}$
6	0	$\frac{1}{18}$	$\frac{1}{36}$	$\frac{1}{36}$	$\frac{1}{36}$	$\frac{1}{36}$

YX の確率分布

優 　隔たりは，この表に，0が6個，$\frac{1}{18}$ が6個あることから，こうなります．

$$d(X^2, YX) = 6 \times \left| \frac{1}{36} - 0 \right| + 6 \times \left| \frac{1}{36} - \frac{1}{18} \right| = \frac{1}{3}$$

景子 　あれ？　最初に求めた $d(X, Y) = \frac{1}{3}$ と同じですね．

ゼータ 　そう．1回目が細工をしたサイコロだと，2回目に正しいサイコロを振っても挽回できないんだ．

優 　「隔たり」の痕跡は残ってしまうわけですね．

景子 　あれ？　おかしいですね．そうすると，いくら泥が取れても，最初に泥が付いていたときの「隔たり」が消えることは無いはずです．

優 　それなのに，「隔たり」が0に収束するとは，どういうわけでしょうか．

ゼータ 　もう一度，タオの定理を，仮定に注意して見てごらん．

　　　　N が 2^{2n} に比べて十分大きければ，数列①（204ページ）と②（205ページ）の測度の隔たりは，$n \to \infty$ のときに0に収束する．

景子 最初に N の大きさに関する仮定がありますね.

ゼータ そこだよ. N は 2^{2n} より大きいので, n が増えると, 連動して N も増えるわけだよね.

優 n は数列の項数ですから, $n \to \infty$ ということは, 果てしなく長い数列をとるということですね.

景子 それと同時に, 果てしなく先の方の N をとることになりますね.

優 そんなふうにして極限をとると, コラッツの操作で現れる数が「ランダムな自然数」に限りなく近くなるということですね.

景子 「素因数2」を含む個数に関する確率が, ランダムな自然数と同じになるということですか.

優 ランダムな自然数なら, コラッツの操作でだんだん小さくなっていくから, コラッツ予想の解決に近づける, というわけですね.

景子 これが, タオの証明の方針ですか. すごいことを考えたものですね.

ゼータ ただ, これまで見てきてわかるように, この方針は確率論的な手法を用いているので, 最高でも「100%」までの結論しか出ない.

優 「100%」でもまだ, 無数の例外があり得るから, 予想は未解決ですね.

ゼータ 例外を除外する問題については, 解決の糸口すらない. タオ自身も「全く近づけない」と言っているよ.

景子 数学の奥深さを垣間見られた気がします. ありがとうございました.

■ ◆ ◆ ◆ ◆ ■ ◆ ◆ ◆ ◆

タオとの思い出

　本文で業績を紹介している**タオ**は，フィールズ賞を受賞した数学者であり，歴代の受賞者の中でも傑出した天才と言われています．地元のオーストラリアで，9歳で飛び級で大学に入学して数学の研究を始め，17歳で米国プリンストン大学の大学院に入学．31歳の若さでフィールズ賞を受賞しました．

　第23話の末尾で，タオについて「人柄が謙虚」と記しましたが，これは，私がプリンストン大学の数学科に2年間，タオと同時期に在籍して受けた率直な印象です．タオが大学院に入学した1992年9月の翌月に，私は客員研究員として赴任しました．プリンストン歴でいえばタオは私の「1カ月先輩」となりますが，当時私は30歳，タオは17歳でしたから，年齢では私が一回り以上先輩です．

　私たちの専門分野は異なり，タオは調和解析学のスタイン教授の研究室，私は整数論のサルナック教授の研究室に所属していたため，接点は多くありませんでした．ただ，アメリカでは東洋系の風貌の者はそれなりに目立つので，講義室やティールームで，中国系オーストラリア人のタオと日本人の私は，お互いに相手の存在を認識していたと思います．タオは物静かで，いつも思索にふけっていながら，それでいて他者を拒絶する雰囲気のない，柔らかい印象の人でした．

　そんな中，一度だけ，私はタオの研究室（大学院生用の相部屋）を訪れたことがあります．それは，私が図書館で探していた整数論の本
Vaughan "The Hardy-Littlewood Method (ハーディ・リトルウッド法)"
が見つからず，タオが借りていることがわかったので，本をコピーさせてもらう目的で，メールでアポイントを取り会いに行ったのでした．タオは快く本を貸してくれて，私はコピーをしてすぐに彼に本を返し，お礼を言って別れました．

　私とタオとの個人的な接点はその一度だけです．私は当時，その本の内容が整数論の専門家から見ても難解な理論であり，他分野の研究者が用いるとは思えないものであったにもかかわらずタオがそれを借りていた理由がわからず，不思議に感じたのを覚えています．その後，彼は調和解析学の枠を越え，整数論をはじめ多くの分野で顕著な業績を挙げる稀有な数学者として，世界に名をはせるようになりました．あの時，あの特殊で難解な異分野の本を読みこなしていたタオの姿を思い出すと，そんな彼の後年の活躍も，頷ける感があります．

第3部

チェビシェフの偏り

ゼータ　いよいよ，今日のテーマ「整数の世界に潜むランダム性」にまつわる，とっておきの話をするよ．

景子　「**チェビシェフの偏り**」ですね．楽しみです．

優　また難しいのでしょうか．

ゼータ　それほどでもないけど，前回の続きの話だから，復習は必要だね．

景子　ゼータ関数や L 関数についてですか？

ゼータ　それらについての復習は，あとでゆっくりするとしよう．まず，2人は「**ディリクレの算術級数定理**」を覚えているかい？

優　えっと，それは「素数が無数に存在する」という話の続きでしたよね．

景子　素数のうち「4で割って1余る素数」と「4で割って3余る素数」が，どちらも無数に存在して，無限大の大きさも同程度というお話でした．

ゼータ　これは「素数のランダム性」の表れともいえるよね．

優　そうですね．4で割った余りが「1か3か」は，素数であるかどうかに影響を与えないので，どちらも均等に起き得るということですよね．

ゼータ　ところが，この定理が証明された1837年から16年後の1853年に，チェビシェフは，ある謎に気づいたんだ．

景子　どんなことですか？

ゼータ　実際に，1つ1つの素数について余りを確認していったところ，不自然な偏りがあったんだよ．

優　1と3のどちらかの余りを持つ素数が多かったのですか？

景子　証明された定理に反する現象が起きるなんて，あり得るのでしょうか？

ゼータ　そこが謎なんだ．話をわかりやすくするため，運動会の玉入れで1組と3組の試合に例えてみよう．

優　「4で割って1余る素数」と「3余る素数」の個数を競うわけですね．

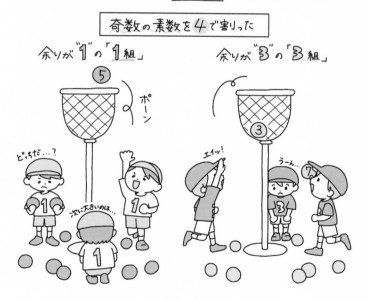

ゼータ　小さい方から確かめていこう．2は別にして，3から始めるよ．まず素数3は「4で割って3余る」ので3組．素数5は「1余る」ので1組．

景子　次は，素数7は「3余る」ので2個目の3組ですね．ここまでだと「2対1で3組がリード」ですね．

ゼータ　これを続けると，100以下では「13対11で3組がリード」となる．

優　3組が優勢ですね．その先はどうなるのですか？

ゼータ　1000以下では「87対80で3組がリード」となるよ．

景子　また3組の勝ちですか．しかも，差が広がってしまいましたね．

ゼータ　そして，この傾向が，その後も続くんだ．この図を見てごらん．

```
100 以下：13対 11 …… 3組が2点リード
1000 以下：87対 80 …… 3組が7点リード
1万以下：619対 609 …… 3組が10点リード
10万以下：4808対 4783 …… 3組が25点リード
100万以下：39322対 39175 …… 3組が147点リード
200万以下：74516対 74416 …… 3組が100点リード
300万以下：108532対 108283 …… 3組が249点リード
```

優　3組が一方的に勝ちっぱなしですね．1組は全敗ですか？

ゼータ　1組も，まれに勝つことがあるよ．初勝利は「26863以下」のときだよ．

景子　2万を超えるまで，3組が勝ちっぱなしなのですか？　すごいですね．

ゼータ　そして，2勝目は「61万6841以下」のとき．

優 　今度は61万ですか？　1組が勝てる機会は本当にまれですね.

ゼータ　この現象を「チェビシェフの偏り」と呼ぶんだ.

景子　これって「素数のランダム性」が壊れているということでしょうか.

ゼータ　壊れているというより，何らかの必然的な理由が隠されているとみるべきだろうね.

優 　必然的な理由ですか？

ゼータ　たとえば，「4で割って2余る素数」は「素数2」の1つだけで，2組は1点しか入らなくて最弱なわけだけど，そのことは誰も驚かないよね.

景子　それは当たり前だと思います.

優 　2組が弱いからと言って，素数のランダム性が壊れたとは思いませんね.

ゼータ　3組が1組より強いことも，それなりの理由がわかればいいんだ.

景子　その理由は，わかったのですか？

ゼータ　実は，最近[*1]解明されたんだ. 論文の出版は2023年[*2]だよ.

優 　そんなに最近ですか？　タオのときも思いましたが，数学って，現在もどんどん進展しているんですね.

■　◆　◇　◇　◆　◆　■　◆　◆　◇　◆

---

*1　小山信也「チェビシェフの偏りの解明と一般化」（講演）　https://youtu.be/8poQFGt-cPo

*2　M. Aoki and S. Koyama: Chebyshev's bias against splitting and principal primes in global fields. Journal of Number Theory **245** (2023) 233–262.

少し別の「100%」

第2部で，コラッツ予想への進展が「ほとんどすべての自然数」，すなわち「100%の自然数」に対して得られたことを紹介しました．しかし，実は，タオの定理における「ほとんどすべて」は，テラスやエベレットが用いたものと微妙に異なります．同じ「100%」でも測り方が違うのです．テラスとエベレットは素朴な意味での「個数の比率」でした．すなわち「100%」は次式を意味します．

$$\lim_{N\to\infty} \frac{命題を満たす N 以下の自然数の個数}{N} = 1$$

これに対し，タオは「対数測度」による「100%」です．それは「個数」を数える際，通常は「各自然数 n を1個」と数えるところを，「各自然数 n を $\frac{1}{n}$ 個」と数える方法です．「100%」を表す数式は，以下のようになります．

$$\lim_{N\to\infty} \frac{\displaystyle\sum_{\substack{1\leqq n\leqq N \\ 命題を満たす n}} \frac{1}{n}}{\displaystyle\sum_{1\leqq n\leqq N} \frac{1}{n}} = 1$$

高校の数学 III で習うように，$\displaystyle\sum_{1\leqq n\leqq N} \frac{1}{n}$ は $\int_1^N \frac{1}{x}dx$ を経由して $\log N$ の近似になるため，この測り方を「**対数測度**」と呼びます．対数測度は，$\frac{1}{n}$ の式の形からわかるように，大きな n ほど軽く，小さな n ほど重く算入します．したがって「100%」の場合，小さな n の例外は非常に少ない反面，大きな n に多数の例外があり得ます．例えば，任意の N に対して $\log 2N - \log N = \log 2$ が成り立ち，定数 $\log 2$ は $N \to \infty$ としても変わらないので，区間の後半の半数がすべて例外でも「100%」を達成できます．

この測り方は，よくある「歳を取ると早く時間が経つ」感覚に似ています．20歳の人の「今後10年」は，40歳の人の「今後20年」に相当する，というように「これまで生きてきた長さの何倍か」で時間を認識する感じです．そんな気持ちでとらえると，タオの定理をより深く理解できるように思います．

実はこの対数測度の考え方は，第3部で扱う「チェビシェフの偏り」についても，過去30年にわたり重要とされてきました．本書で紹介する結論は，この風潮に一石を投じるものです．次の column で，この先行研究について解説します．

ゼータ 「チェビシェフの偏り」の話をする前に，この分野の数学で用いられる1つの考え方を説明しておこう．

優 難しそうですね．僕にもわかるでしょうか．

ゼータ 難しいというより，これは「**無限**」のとらえ方や，研究する姿勢の問題だね．柔軟な気持ちで取り組めば理解できると思うよ．

景子 面白そうですね．どんな内容ですか？

ゼータ 関数を使って無限の大きさを表す方法だ．素数などを研究対象とする「解析数論」という分野でよく使われる手法だよ．

優 どんなふうに関数を使うんですか？

ゼータ 代表的なのは，**素数定理**だね．

景子 素数定理は，聞いたことがあります．こんな定理でしたよね．

$$x \text{ 以下の素数の個数} \sim \frac{x}{\log x} \qquad (x \to \infty)$$

優 "$\sim$" はどういう意味だっけ？

景子 「両辺の比が $x \to \infty$ のときに1に収束する」という意味よ．

優 比が1なら，分母と分子がほぼ等しいことになりますね．

ゼータ $x \to \infty$ のとき両辺とも無限大に発散するけど，発散する際の挙動が
ほぼ等しいということだね．

景子 素数定理は，「無限大の大きさ」を表しているのですか？

ゼータ そうだね．「素数が無数に存在する」というユークリッドの定理を発
展させたものと位置づけられるね．

優 「無数に存在」の中でも，「どれくらい無数か」を，$\frac{x}{\log x}$ という関数を
使って表しているわけですね．

ゼータ x 以下の自然数は約 x 個あるので，そのうちだいたい $\log x$ 個に 1 個
の割合で素数が存在するともいえるね．

景子 大きな数ほど素数がまばらになる印象はありましたが，素数になる確
率が減少していく様子が，$\frac{1}{\log x}$ と求められたわけですね．

ゼータ 数学の多くの未解決問題は，まず「無数に存在すること」の正否を問
うけど，それは最終目標じゃないんだ．

優 「どれくらいの大きさの無数なのか」を求める問題が，まだ残っている
わけですね．

景子 そのために，「x 以下の個数」を x の関数として表す研究手法がある
のですね．

ゼータ この手法は，素数定理が証明される 100 年以上前に，**オイラー**が用い
ていたものだよ．そのとき，オイラーはこんな定理を証明した．

$$\sum_{\substack{p: \text{素数} \\ p \leqq x}} \frac{1}{p} \sim \log \log x \qquad (x \to \infty)$$

優　左辺は「x 以下の素数の逆数の和」ですね．それが，$\log \log x$ と同程度の無限大だというわけですね．

景子　前に，オイラー積を使った「ユークリッドの定理の新証明」を習いました[*1]が，この定理はそれと関係あるのですか？

ゼータ　良いところに気がついたね．実は，オイラー自身が書いた内容は「新証明」ではなく，上の定理なんだ．

優　そうだったんですか．

ゼータ　「新証明」は，後世の者がオイラーの論文の価値を評価するために，上の定理を解釈し直した言い方だよ．

景子　前回，「オイラーの新証明は定理の改良になっている」と習いましたが，その中身がこれなのですね．

優　素数の個数が「オイラー積が発散するような無限大」であることから，「ある程度大きな無限大」であると習いました．

ゼータ　まさに，その「ある程度大きな」の具体的な内容が上の定理であると言えるね．

景子　それにしても，右辺の $\log \log x$ という関数は，見慣れないですね．

優　単なる $\log x$ なら「x は e の何乗か」という意味だとわかりますけど．

景子　x が自然数のときは，$\log_{10} x$ は桁数に近い値なので，x が巨大でも $\log_{10} x$ は小さいですよね．

---

*1　前著『「数学をする」ってどういうこと？』第20話「ユークリッドの定理の新証明」

優　x が1億でも，$\log_{10} x = 8$ ですからね．

景子　底を変えても定数倍になるだけですよね（関数電卓アプリで）．

$$\log x = \frac{\log_{10} x}{\log_{10} e} = \frac{\log_{10} x}{0.434} = (2.30\cdots) \times \log_{10} x$$

優　約 2.3 倍ですから，x が1億でも，$\log x$ は約 18.4 です．

景子　1億から見れば相変わらず小さいので，底を変えても巨大さにはあまり影響はないです．

ゼータ　底によらず，$\log$ は「だいたい桁数のようなもの」と思っておけばいいよ．

優　x が増えたとき，$\log x$ の増え方は，かなり遅いのですね．

景子　となると，$\log \log x$ は「桁数の桁数」ですから，それはまた，極端に小さいのでは？

ゼータ　そうなんだ．$\log \log x$ は，$x \to \infty$ のときに正の無限大に発散するけど，増え方は極めて遅いんだよ．

優　どれほど遅いのか，ちょっと想像がつかないですね．

ゼータ　たとえば，オイラーの定理の $\sum_{p \leqq x} \frac{1}{p}$ を，これまで知られているすべての素数について加えた和とした場合でも，$\log \log x$ は約 4 だよ．

景子　すべてを加えて，たったの 4 ですか？

優　無限大に発散するといっても，増え方はきわめて遅いのですね．

ゼータ 専門家によると「今後100年間で発見される素数をすべて算入しても，10を超えることはないだろう」とのことだ.

景子 それにしても，どうして $\log \log x$ という関数が現れるのでしょうか？

優 たしかに，見慣れない関数ですし，不思議な感じがしますね.

ゼータ オイラーの証明は専門書[*2]に譲るとして，今の時代なら，素数定理からオイラーの定理を簡単に導けるよ.

景子 $\log \log x$ が出てくる理由がわかるのですね.

ゼータ 2人は，高校で「部分積分」を習ったよね．定積分の式を書けるかな？

優 はい．こんな公式です．$f(x)$ の不定積分を $F(x)$ と置くと，

$$\int_a^b f(x)g(x)dx = \Big[F(x)g(x)\Big]_a^b - \int_a^b F(x)g'(x)dx$$

ゼータ 実は，この公式には，「積分」を「和」にした離散版があるんだ．関数の代わりに数列を考えたもので，こんな対応がある.

関数 $f(x)$	積分 $F(x) = \int_1^x f(t)dt$	微分（導関数） $f'(x)$	部分積分
数列 $a(n)$	和 $A(n) = \sum_{k=1}^n a(k)$	差分 $a(n+1) - a(n)$	部分和

景子 部分積分に対して「部分和」の公式があるのですか？

[*2] 拙著「素数とゼータ関数」（共立出版）定理 1.17

ゼータ　「**部分和の公式**」または「**アーベルの総和公式**」などと呼ばれるよ.

優　部分積分は「関数の積の積分」でしたが,部分和の公式は「数列の積の和」を求めるのでしょうか.

景子　オイラーの定理で扱う「素数の逆数」は「数列の積」なのですか?

ゼータ　実はそうなんだよ.「**素数の逆数**」は,次の2つの数列の積になるね.

$$a(n) = \begin{cases} 1 & (n \text{ は素数}) \\ 0 & (\text{その他の場合}) \end{cases}, \qquad b(n) = \frac{1}{n}$$

優　なるほど.そうすると,「素数にわたる和」を「自然数にわたる和」に書き換えられるのですね. x が自然数のとき,こうなります.

$$\sum_{\substack{p: \text{素数} \\ p \leqq x}} \frac{1}{p} = \sum_{n=1}^{x} a(n)b(n)$$

ゼータ　部分和の公式[*3]は以下の通り.ただし,$A(n)$ は表中で定義した「$a(n)$ の和」だよ.

$$\sum_{n=1}^{x} a(n)b(n) = A(x)b(x) - \sum_{n=1}^{x-1} A(n)(b(n+1) - b(n))$$

景子　部分積分のとき,まず一方の関数 $f(x)$ を積分して $F(x)$ としたように,部分和では $a(n)$ の和を取り $A(x)$ としたのですね.

優　他方,微分する側の関数 $g(x)$ の導関数 $g'(x)$ に相当するのが,$b(n)$ を一般項とする数列の差分すなわち階差 $b(n+1) - b(n)$ ですね.

[*3] 拙著「数学の力 〜 高校数学で読みとくリーマン予想」(日経サイエンス社) 付録C「アーベルの総和法」§C.2「部分和の公式」

ゼータ　その階差は，今，$b(n) = \frac{1}{n}$ だから，これを実数 t の関数 $b(t) = \frac{1}{t}$ とみなすと，こんなふうに変形できる.

$$b(n+1) - b(n) = \Big[b(t)\Big]_n^{n+1} = \int_n^{n+1} b'(t)dt$$

景子　これを使って，部分和の公式を書き換えるのですか？

ゼータ　書き換えのために，$A(n)$ の方も，以下のようにして自然数 n から，実数 x 上に定義域を広げておこう.

$$A(x) = \sum_{1 \le k \le x} a(k) \qquad (n \le x < n+1 \text{ のとき } A(x) = A(n))$$

優　この $A(x)$ は階段関数で，x が整数のときのみ値が変わり，整数を含まない短い区間上では定数関数ですね.

ゼータ　$\int_n^{n+1} b'(t)dt$ の積分区間内では $A(t)$ が定数 $A(n)$ に等しいから，部分和の公式は，こんなふうに書き換えられる.

$$\begin{aligned}
\sum_{n=1}^{x} a(n)b(n) &= A(x)b(x) - \sum_{n=1}^{x-1} A(n) \int_n^{n+1} b'(t)dt \\
&= A(x)b(x) - \sum_{n=1}^{x-1} \int_n^{n+1} A(t)b'(t)dt \\
&= A(x)b(x) - \int_1^x A(t)b'(t)dt
\end{aligned}$$

景子　$t < 2$ のときは $A(t) = 0$ なので，積分区間は実質「2以上」ですね.

優　そうすると，部分和の公式はこうなりますね.

$$\sum_{n=1}^{x} a(n)b(n) = A(x)b(x) - \int_2^x A(t)b'(t)dt$$

景子　今，$a(n)$ は「n が素数のときだけ1」という数列なので，$A(x)$ は「x

以下の素数の個数」を表しますね.

優　なるほど. では，素数定理からこうなりますね.

$$A(x) \sim \frac{x}{\log x} \qquad (x \to \infty)$$

ゼータ　これをもとに，上の積分を計算してごらん.

景子　$b(t) = \frac{1}{t}$ なので，$b'(t) = -\frac{1}{t^2}$ ですから，$s = \log t$ とおいて置換積分をすると，こうなります.

$$
\begin{aligned}
-\int_2^x A(t)b'(t)dt &\sim \int_2^x \frac{t}{\log t}\frac{1}{t^2}dt \\
&= \int_2^x \frac{1}{t\log t}dt \\
&= \int_{\log 2}^{\log x} \frac{1}{s}ds \\
&= \Big[\log s\Big]_{\log 2}^{\log x} \\
&= \log\log x - \log\log 2 \\
&\sim \log\log x \qquad (x \to \infty)
\end{aligned}
$$

優　おぉ，$\log\log x$ が出ましたね.

ゼータ　こうやって，現代では素数定理からオイラーの定理を簡単に導けるんだ.

「偏り」の研究史

チェビシェフが見出した「1組よりも3組の方が強い」という現象は，数学的な命題として，どのように記述できるのでしょうか．最初に思いつくのは「いずれ3組が勝ち続け，1組は負けっぱなしになる」という状況です．数学的には「十分大きな任意の x に対し $\pi(x;4,1) < \pi(x;4,3)$ が成立」と表現[a]できます．

ところが，1914年にリトルウッドは，これが偽であることを証明しました．どんなに先でも，必ず1組が逆転する瞬間が訪れる（すなわち無限回逆転が起きる）ことを証明したのです．

その後しばらく，チェビシェフの偏りについての進展はほとんどありませんでした．そんな中，1962年にナポウスキーとテュランは「100%の x に対し $\pi(x;4,1) < \pi(x;4,3)$」と予想しました．第18話で触れたように，無限の中での「100%」には「0%」の例外があり得ます．$x = 26863$ などは，この「0%」の例外であるという主張でした．

しかしこの予想に向けた進展は皆無で，ついに1995年，カゾロフスキーによって，予想は否定されます．彼は，一般リーマン予想の仮定下で「$\pi(x;4,1) < \pi(x;4,3)$ となる x の割合が収束しないこと」を証明したのです．一般リーマン予想は，未解決ですが正しいと信じられている仮説です．column 26 で説明したように，無限集合内の割合は極限で定義されるので，必ずしも収束するとは限りません．収束しなければ，ナポウスキーとテュランの予想は意味を成しません．

こうして「チェビシェフの偏り」は，解決どころか，数学的な命題として定式化すらされずに長い年月が経ちました．この状況を一変させたのが，ルビンスタインとサルナックによる1994年の論文[b]です．彼らは，割合を測る際，column 26 で説明した「対数測度」を用いると「3組が勝つような実数 x の割合が約99.6%に収束すること」を，一般リーマン予想を含む強い仮定の下で証明したのです．これによって「偏り」は初めて数学的な命題として記述され，各組が勝つ区間の長さの割合を対数測度で測ることが，世界標準になりました．

---

[a] 記号 $\pi(x;4,1)$, $\pi(x;4,3)$ は本文 p.235 をご参照ください．

[b] M. Rubinstein and P Sarnak: "Chebyshev's bias" Exprimental Mathematics **3** (1994) 173-197.

第28話 ゼータと L の復習

ゼータ ゼータ関数と L 関数の復習をしよう．最初にゼータ関数が登場したときのことを覚えているかい？

優 「素数が無数に存在する」というユークリッドの定理を，オイラーが新しい方法で証明したのでしたね．

景子 調和級数が発散する事実を用いました．

$$1 + \frac{1}{2} + \frac{1}{3} + \frac{1}{4} + \cdots = \infty$$

優 **ゼータ関数**を用いると $\zeta(1) = \infty$ でした．$\zeta(x)$ の定義はこうです．

$$\zeta(x) = 1 + \frac{1}{2^x} + \frac{1}{3^x} + \frac{1}{4^x} + \frac{1}{5^x} + \frac{1}{6^x} + \frac{1}{7^x} + \frac{1}{8^x} + \cdots$$

景子 そして，オイラーの大発見である「**オイラー積**」は，右辺を丸ごと素因数分解した「素数全体にわたる積」でしたね．

$$\zeta(x) = \prod_p \left(1 + \frac{1}{p^x} + \frac{1}{p^{2x}} + \frac{1}{p^{3x}} + \cdots \right)$$

ゼータ 記号 $\prod\limits_p$ は「素数 p 全体にわたる積」だったね．そして，右辺の括弧内を無限等比級数の公式で求めたよね．

$$\zeta(x) = \prod_p \left(1 - \frac{1}{p^x} \right)^{-1}$$

優 このことから，ユークリッドの定理の「第二の証明」が得られました．

景子 その証明は，もし素数が有限個しかないなら右辺は有限積だから，$\zeta(1) = \infty$ に矛盾するという，背理法でしたね．

ゼータ 2人とも，よく覚えていたね．次に，**オイラーのL関数**についてはどうかな？

優 ゼータ関数 $\zeta(x)$ の奇数項だけを取り出し，一項置きに符号をマイナスに書き換えたものでしたね．

$$L(x) = \frac{1}{1^x} - \frac{1}{3^x} + \frac{1}{5^x} - \frac{1}{7^x} + \cdots$$

ゼータ 今度は負の項があるおかげで打ち消し合いが生じ，$L(1)$ は収束するんだったね．値が $\frac{\pi}{4}$ になるというオイラー自身の証明も見たよね．

景子 $L(x)$ も，オイラー積で表されましたね．

優 奇数 n に対する符号は $(-1)^{\frac{n-1}{2}}$ と表されることから，オイラー積は奇数の素数，すなわち奇素数にわたる積になりました．

$$L(x) = \prod_{p: 奇素数} \left(1 - \frac{(-1)^{\frac{p-1}{2}}}{p^x}\right)^{-1}$$

景子 $L(x)$ を用いて，素数に関するより詳しい性質がわかりましたね．

優 素数を「4で割った余り」で分類したのでしたね．

景子 2以外の素数は「余り1」「余り3」の2組に分かれますが，どちらの組にも無数の素数が含まれることが，証明できました．

ゼータ その証明には，$\zeta(x)$ のオイラー積から「$p=2$ の因子」を除いた，こんな関数を用いたんだったね．

$$L_0(x) = \prod_{p: 奇素数} \left(1 - \frac{1}{p^x}\right)^{-1}$$

優　$L_0(x)$ は $\zeta(x)$ から「2の因子」を除いただけなので，$\zeta(1) = \infty$ と同様に $L_0(1) = \infty$ も成り立ちましたね．

景子　$L(x)$ と $L_0(x)$ は，「余り1」の素数の因子が等しいので，それらは比をとると約分されて消えて，「余り3」の素数にわたる積になりました．

$$\frac{L_0(x)}{L(x)} = \prod_{p \equiv 3(\mathrm{mod}\ 4)} \frac{\left(1 - \frac{1}{p^x}\right)^{-1}}{\left(1 + \frac{1}{p^x}\right)^{-1}}$$

優　記号 $\displaystyle\prod_{p \equiv 3(\mathrm{mod}\ 4)}$ は，「4で割って3余る素数」にわたる積ですね．

景子　ここで，$x \to 1$ として，$\frac{L_0(1)}{L(1)} = \infty$ より右辺は無限積となり，「4で割って3余る素数」が無数に存在することが示されました．

ゼータ　それに比べると，「4で割って1余る素数」が無数に存在する方の証明は，少し複雑だったね．

優　商 $\frac{L_0(x)}{L(x)}$ の代わりに積 $L_0(x)L(x)$ を考えたのでした．

景子　積だから約分はできないけど，少し変形をして工夫したのでしたね．

ゼータ　高校で習う無限等比級数の和の公式を使って，こんな変形をしたね．

$$\prod_{p \equiv 3(\mathrm{mod}\ 4)} \left(1 + \frac{1}{p^x}\right)^{-1} = \prod_{p \equiv 3(\mathrm{mod}\ 4)} \left(1 - \frac{1}{p^x} + \frac{1}{p^{2x}} - \frac{1}{p^{3x}} + \cdots\right)$$

$$= \prod_{p \equiv 3(\mathrm{mod}\ 4)} \left(1 - \frac{1}{p^x} + \left(\frac{1}{p^x} \text{の2乗以上}\right)\right)$$

$$\approx \prod_{p \equiv 3(\mathrm{mod}\ 4)} \left(1 - \frac{1}{p^x}\right)$$

優　最後の「$\approx$」は「収束発散が同じ」という意味でしたね．

景子 そうすると,「余り3」の項が約分され,「余り1」の項だけが残り,同じ因子が2つで2乗になるので,こうなりました.

$$L_0(x)L(x) \approx \prod_{p \equiv 1 \pmod 4} \left(1 - \frac{1}{p^x}\right)^{-2}$$

優 ここで再び $x \to 1$ として,$L_0(1)L(1) = \infty$ より右辺は無限積となり,「4で割って1余る素数」が無数に存在することが示されました.

景子 結局,「4で割って1余る素数」「4で割って3余る素数」のどちらも無数に存在するということを,前回学びました.

ゼータ よく覚えていたね.そして,その2種類の素数の無限大は,実は「同程度」だということも話したよね.

優 「算術級数定理」ですね.前回は証明しませんでしたが,お話だけ伺いました.

ゼータ 証明は,上のことからも推測できるよ.商 $\frac{L_0(x)}{L(x)}$ も積 $L_0(x)L(x)$ も,どちらも無限大の因子は $L_0(1)$ で等しいからね.

景子 有限の $L(1) = \frac{\pi}{4}$ を,割っても掛けても「無限大の大きさ」には関係ないのですね.

優 なるほど.それなら,「4で割って1余る素数」と「4で割って3余る素数」が同数あることが,納得できますね.

景子 でも,「同数」とか「同程度の無限大」は無限大どうしの比較ですよね.どのように定義するんですか?

ゼータ さっき説明した「関数を使って無限を表す手法」を用いるんだ.まず有限の数 x に対して「x 以下の個数」を数えて,$x \to \infty$ の極限を取る.

優　x 以下で「4で割って1余る素数」と「4で割って3余る素数」の個数を数えるのですか.

ゼータ　それを，$\pi(x; 4, 1)$ と $\pi(x; 4, 3)$ とおいて，$x \to \infty$ としたときの性質を調べるわけだ.

景子　これを使うと，算術級数定理が正確に表現できるのですか？

ゼータ　**算術級数定理**の正確な形は，こんなふうになるよ.

$$\lim_{x \to \infty} \frac{\pi(x; 4, 1)}{\pi(x; 4, 3)} = 1$$

優　「比が1」ということは「分母と分子が等しい」ということですから，「無限大において等しい」という意味になりますね.

ゼータ　さっきの記号 "$\sim$" を使うと，こんなふうにも書けるよ.

$$\pi(x; 4, 1) \sim \pi(x; 4, 3) \qquad (x \to \infty)$$

景子　「$\sim$」は，「無限大において等しい」というニュアンスですね.

ゼータ　これが，**ディリクレ**が1837年に証明した「算術級数定理」だよ.

優　ここから「チェビシェフの偏り」へと，話がつながるわけですね.

景子　いったい，どうやって解明されたのでしょうか.

ゼータ　実は，これも前回話した，「**深リーマン予想**」を使ったんだ.

■　◆　◇　◈　◇　■　◆　◇　◇

先行研究の欠陥

　column 27で紹介したルビンスタインとサルナックの定理は「チェビシェフの偏り」の研究史に残る重要な成果ですが，残念ながら，これで解明がなされたとはいえないと，私は考えます．それには，3つの理由があります．

　第一の理由は，「偏りの大きさ」が無視されていることです．たとえば，最初の100個の素数のうち，前半の50個が3組，後半の50個が1組なら，「この区間で常に3組が勝ち」で「得点差は最大50」となりますが，同じ「常に3組が勝ち」であっても，両者が交互に現れ「得点差が最大1」となることもあり得ます．「3組が勝つ x の割合」を論じるだけでは，こうした「偏りの大きさ」を考察できず，それは対数測度であれ，どんな測度であれ同じです．3組の勝利は圧倒的なのか，それとも僅差なのか，そこまで表現してこそ，真実に近づけると思います．

　第二の理由は，彼らが設けた仮定が，不自然であることです．column 27で述べた「一般リーマン予想を含む強い仮定」とは「一般リーマン予想＋線形独立予想」です．線形独立予想は「L 関数の非自明零点の虚部は有理数体上で線形独立」という予想で，リーマン予想の先にある予想であり，現代の数学では証明の糸口すら全くない，非現実的な仮説です．しかし，私がこの仮定を不自然と感じるのは，非現実的であることが理由ではありません．非自明零点の「実部の値」であるリーマン予想に対し，「虚部の線形独立性」という主張は唐突でバランスが悪く，とってつけた印象が否めないということです．

　そして，第三の理由は，「偏り」の定義が甘過ぎることです．彼らの論文以降，「偏り」の定義は，特定の組が勝つ区間の長さを対数測度で測った割合が「50％を超えること」とされています．しかし，4で割ったときに3組が1組に勝つ割合は99.6％であり，3で割ったときに2組が1組に勝つ割合は99.9％です．チェビシェフの偏りは「50％を超える」などといった甘いものではなく，明らかに圧倒的な偏りなのです．「50％」が基準として低すぎることは，誰もが認めるでしょう．しかし，正しい基準が何％なのか，その線引きは誰にもできないのです．これは「対数測度で測った割合」というものが，チェビシェフの偏りの本質を表していないからであると思われます．

　本書では，以上の理由をすべてクリアした，新たな定式化を提唱します．

第29話

深リーマン予想の復習

優　深リーマン予想は，$L(x)$ のオイラー積の収束範囲に関する予想でしたね．

$$L(x) = \prod_{p: \text{奇素数}} \left(1 - \frac{(-1)^{\frac{p-1}{2}}}{p^x}\right)^{-1}$$

景子　このオイラー積は，$x \geqq 1$ のときに収束，$x < \frac{1}{2}$ のときに発散でしたが，残りの $\frac{1}{2} \leqq x < 1$ は未解決でした．

ゼータ　「$L(x)$ のオイラー積が $\frac{1}{2} \leqq x < 1$ でも収束する」という予想が，深リーマン予想だね．それは「$x = \frac{1}{2}$ で収束」と同値だったよね．

景子　ちなみに，「深」のない「リーマン予想」は，等号を外した区間 $\frac{1}{2} < x < 1$ で収束することでしたね．

ゼータ　前回[*1]みたように，それは「実部が $\frac{1}{2}$ より大きな複素数 sに対して $L(s) \neq 0$」を意味していたね．

優　その理由は，**オイラー積**を「**2のべき乗**」の形にして考えたのでしたね．

$$\boxed{\text{オイラー積}} = 2^{(\text{素数にわたる和})}$$

景子　指数部分の「素数にわたる和」が収束すれば，左辺のオイラー積も収束するけど，逆は成り立ちませんでしたね．

優　オイラー積が0に収束するときは，「素数にわたる和」は $-\infty$ に発散しました．

[*1] 前著『「数学をする」ってどういうこと？』第31話「リーマン予想はなぜ大切？」

景子 だから，「0に収束する点」は特異点で，「特異点を越えて収束範囲を広げることはできない」という定理から，次が示せましたね．

$$\frac{1}{2} < x < 1 \text{ でオイラー積が収束} \implies L(s) \neq 0 \quad \left(\frac{1}{2} < \text{Re}(s) < 1\right)$$

ゼータ これは，オイラー積の「2を底とする対数」を用いた議論だね．

$$\log_2 \boxed{\text{オイラー積}} = (\text{素数にわたる和})$$

優 底は2である必要はあるのでしょうか．

ゼータ いや．底は何であっても，上の議論は成り立つね．高校で習うように底を「自然対数の底 e」とする方が自然だね．

景子 底を e とすれば，こうなりますね．

$$\log \boxed{\text{オイラー積}} = (\text{素数にわたる和})$$

ゼータ つまり，素数 p に対して $X = \frac{(-1)^{\frac{p-1}{2}}}{p^x}$ とおけば，こういうことだね．

$$\log \prod_{p:\,\text{奇素数}} (1 - X)^{-1} = \sum_{p:\,\text{奇素数}} \log (1 - X)^{-1} \qquad (*)$$

景子 深リーマン予想は，$x = \frac{1}{2}$ のとき，すなわち，$X = \frac{(-1)^{\frac{p-1}{2}}}{\sqrt{p}}$ のとき，$(*)$ の右辺が収束することですね．

ゼータ そこで，右辺の $\log (1 - X)^{-1}$ をより精密に調べるために，大学1年で習う「テイラー展開」を使ってみよう．こんな公式だよ．

$$\log(1 + x) = x - \frac{x^2}{2} + \frac{x^3}{3} - \frac{x^4}{4} + \cdots \qquad (|x| < 1)$$

優 いきなり大学の内容ですか？ 難しそうです．

ゼータ 大丈夫. 大学の講義では微積分を使って証明するけど, ここではオイ ラーが用いた直感的な方法で説明するからね.

景子 大学の教科書に書かれていない, そんな方法があるのですね. ぜひお 願いします.

ゼータ まず, $\log(1+x)$ が「0に近い値 ω」と「無限大に近い値 i」の, 2数 の積に書けたとするんだ. i は当時の記号で, infinity の頭文字だよ.

$$\log(1+x) = \omega i$$

優 i は虚数単位じゃないことに注意しておきます. これは,「(普通の 数) ＝ (無限小) × (無限大)」という考え方ですね.

景子 この式を, 対数を使わずに表せば, $e^{\omega i} = 1 + x$ となりますね.

ゼータ それを, $e^{\omega} = (1+x)^{\frac{1}{i}}$ と変形して, 左辺を詳しく調べよう.

優 これ以上, e^{ω} をどうやって変形するのですか?

ゼータ ω は無限小とはいえ, 正の値だから, e^{ω} は1より少し大きいよね. そ こで, $e^{\omega} = 1 + k\omega$ と置く.

景子 なぜ, e^{ω} と 1 の差が $k\omega$ の形になるとわかるのですか? これは,「ω の1次式」という意味ですか?

ゼータ 1次式という意味ではないよ. e^{ω} は, ω が大きいほど大きくなるから, ω を含むだろうということだ. k がさらに ω を含んでも構わない.

優 それなら, $k\omega$ と置くことに異存はありません.

ゼータ ちなみに現代では，k の正体ははっきりしているよ．大学で習う「e^ω のテイラー展開」を用いると，こんなふうに変形できるからね．

$$e^\omega = 1 + \omega + \frac{\omega^2}{2} + \frac{\omega^3}{3!} + \cdots$$
$$= 1 + \omega \times \underbrace{\left(1 + \frac{\omega}{2} + \frac{\omega^2}{3!} + \cdots\right)}_{=k}$$

景子 そうすると，$\omega \to 0$ のとき，$k \to 1$ というわけですね．

優 ω は無限小なので，k は，だいたい「1みたいなもの」と思っておけば良いですね．

ゼータ さて，ここまでの変形をまとめると，次のようになる．

$$\log(1+x) = \omega i = (k\omega) \times \frac{i}{k} = (e^\omega - 1) \times \frac{i}{k}$$
$$= \left((1+x)^{\frac{1}{i}} - 1\right) \times \frac{i}{k}$$

景子 あれ？ $(1+x)^{\frac{1}{i}}$ とは，見覚えのある式ですね．

優 前にならった「二項展開」を思い出します．

景子 あとは，二項展開を使って $(1+x)^{\frac{1}{i}}$ を展開すれば，$\log(1+x)$ の展開が得られますね．

優 **二項展開**を復習すると，こんな公式[2]でした．

$$(1+x)^r = 1 + rx + \frac{r(r-1)}{2}x^2 + \frac{r(r-1)(r-2)}{3!}x^3 + \cdots \qquad (|x| < 1)$$

---

[2] 前著『「数学をする」ってどういうこと？』第25話「『実数乗』とは？」

景子 両辺から1を引いて，$r = \frac{1}{i}$ を代入すると，こうなりますね．

$$(1+x)^{\frac{1}{i}} - 1 = \frac{x}{i} + \frac{\frac{1}{i}(\frac{1}{i}-1)}{2}x^2 + \frac{\frac{1}{i}(\frac{1}{i}-1)(\frac{1}{i}-2)}{3!}x^3 + \cdots \qquad (|x| < 1)$$

優 この式の両辺に $\frac{i}{k}$ を掛けると，i が約分され，$\log(1+x)$ の展開が得られます．

$$\log(1+x) = \frac{1}{k}\left(x + \frac{\frac{1}{i}-1}{2}x^2 + \frac{(\frac{1}{i}-1)(\frac{1}{i}-2)}{3!}x^3 + \cdots\right) \qquad (|x| < 1)$$

ゼータ $i \to \infty$ とすれば，同時に $\omega \to 0$ かつ $k \to 1$ となり，目標のテイラー展開が求まるわけだね．

$$\log(1+x) = x - \frac{x^2}{2} + \frac{x^3}{3} - \cdots \qquad (|x| < 1)$$

景子 これを使うと，「チェビシェフの偏り」が解明できるんですか？

ゼータ そうなんだよ．深リーマン予想（＊）の右辺の log を詳しく見ることで，「偏り」の正体がわかるんだよ．

「深リーマン予想」の誕生

　深リーマン予想が生まれた経緯を説明します．ことの発端は，2012 年 4 月 15〜20 日に OIST（沖縄科学技術大学院大学）にて開催された国際会議「Random Matrix Theory for Complex Systems（複雑系のランダム行列理論）」でした．ランダム行列理論は，数学・物理学・生物学など，多数の分野が交錯するテーマであり，参加者は世界中から集まった数学者，物理学者，生物学者からなる多彩な顔触れでした．通常，数学の国際会議は顔なじみの研究者が多いものですが，その会議は異分野の初対面の人々で満ちており，独特の新鮮な雰囲気を醸し出していました．数十名の参加者のうち，日本人と思われる風貌は 4 名．そのうちの 1 人，若い男性の研究者が，休憩時間に私に話しかけてきました．「小山さんですよね」その日本語を聞き，私はやはり彼が日本人だったと知りました．彼は「ゼータ関数について質問があるのですが」と続け，以下の質問をしました．

　「ゼータ関数のオイラー積の対数微分の値を，臨界線（実部が $\frac{1}{2}$ の線）上で計算したところ，非自明零点の付近で特異な変動が見られました．オイラー積は臨界線上でも意味を持つのでしょうか？」

　異分野の研究者による質問は，ときに斬新な発想をもたらします．当時，数学界では，オイラー積を絶対収束域でのみ扱うことが常識でした．仮に，オイラー積の計算結果が非自明零点に関係するなら，オイラー積が解析接続を「知っている」ことを意味します．私は即答できず，質問を持ち帰り，師匠である黒川信重先生（現・東京工業大学名誉教授）に相談しました．偶然なことに，それは当時，先生が考えておられた「臨界領域内のオイラー積の挙動」と関連があり，先生はそれを「深リーマン予想」と名付けようとしていたことがわかりました．

　その質問者は，数学の素人でありながら，最先端の着想につながる洞察をしていたのです．彼の名は木村太郎氏．数理物理学を牽引する若手研究者であり，現在はフランスのブルゴーニュ大学で教授職に就いています．

　木村・小山・黒川の 3 名による共著論文 "Euler product beyond the boundary"（境界を越えたオイラー積）が出版されたのは，2014 年 1 月．それが「深リーマン予想」を世に出した，世界初の論文です．

ゼータ 深リーマン予想は，素数 p に対して $X = \dfrac{(-1)^{\frac{p-1}{2}}}{\sqrt{p}}$ と置くとき，この式が収束することだったね．

$$\log \prod_{p:\text{奇素数}} (1-X)^{-1} = \sum_{p:\text{奇素数}} \log (1-X)^{-1} \qquad (*)$$

優 「チェビシェフの偏り」の理由を調べるために，右辺の $\log$ をテイラー展開しようとして，この公式を導きました．

$$\log(1+x) = x - \frac{x^2}{2} + \frac{x^3}{3} - \cdots \qquad (|x| < 1)$$

景子 この公式を $x = -X$ に適用して書き換えると，こうなります．

$$\log(1-X) = -X - \frac{X^2}{2} - \frac{X^3}{3} - \cdots \qquad (|X| < 1)$$

ゼータ $X = \dfrac{(-1)^{\frac{p-1}{2}}}{\sqrt{p}}$ は $|X| < 1$ を満たすから，展開式は収束するね．

優 両辺を (-1) 倍すると，左辺は $\log$ の性質によって，「(-1) 倍」が「(-1) 乗」に変わるから，こんなきれいな形になりますね．

$$\log(1-X)^{-1} = X + \frac{X^2}{2} + \frac{X^3}{3} + \cdots$$

景子 この右辺は，$\sum$ を使うと簡潔に表せます．

$$\log(1-X)^{-1} = \sum_{k=1}^{\infty} \frac{X^k}{k}$$

優 結局，オイラー積の $\log$ である（$*$）は，こうなりました．

$$\log \prod_{p:\text{奇素数}} (1-X)^{-1} = \sum_{p:\text{奇素数}} \sum_{k=1}^{\infty} \frac{X^k}{k}$$

ゼータ　$X = \dfrac{(-1)^{\frac{p-1}{2}}}{\sqrt{p}}$ を代入して，元の形に戻してごらん.

景子　こうなります.

$$\log \prod_{p:\text{奇素数}} \left(1 - \frac{(-1)^{\frac{p-1}{2}}}{\sqrt{p}}\right)^{-1} = \sum_{p:\text{奇素数}} \sum_{k=1}^{\infty} \frac{1}{k}\left(\frac{(-1)^{\frac{p-1}{2}}}{\sqrt{p}}\right)^{k}$$

ゼータ　この式の両辺が収束することが，深リーマン予想なわけだね. この場合の「**収束**」とは，どういう定義かわかるかな？

優　まず，p を「x 以下」の奇素数にわたらせて，有限個の素数にわたる積をとり，その式で $x \to \infty$ とした極限が収束するということです.

景子　つまり，こういうことですね.

$$\lim_{x \to \infty} \sum_{p \leq x} \sum_{k=1}^{\infty} \frac{1}{k}\left(\frac{(-1)^{\frac{p-1}{2}}}{\sqrt{p}}\right)^{k} \qquad \text{が収束} \qquad (\text{☆})$$

ゼータ　この式をよく見ると，分子は ± 1 のいずれかで，「p を4で割った余り」と「k の偶奇」によってどちらかに決まるよね.

優　（☆）全体で，± 1 が打ち消し合って収束することもあり得るわけですね.

ゼータ　まず，$\underline{k \geq 3}$ の部分が，打ち消し合いと無関係に収束することはわかる. ためしに，全項の分子を1にして打ち消し合いをなくしてごらん.

景子　こうですか？

$$(\text{☆の}\ \underline{k \geq 3\text{の部分}}) \leq \lim_{x \to \infty} \sum_{p \leq x} \sum_{k=3}^{\infty} \frac{1}{k}\left(\frac{1}{\sqrt{p}}\right)^{k}$$

ゼータ　ここで，$k \geq 3$ より $\frac{1}{k} \leq \frac{1}{3}$ を用いると，右辺が簡単になるよ.

$$\left(\text{☆の } \underline{k \geqq 3 \text{ の部分}}\right) \leqq \lim_{x \to \infty} \frac{1}{3} \sum_{p \leqq x} \sum_{k=3}^{\infty} \left(\frac{1}{\sqrt{p}}\right)^k$$

優 残った $\displaystyle\sum_{k=3}^{\infty}$ は「初項 $\left(\frac{1}{\sqrt{p}}\right)^3$, 公比 $\frac{1}{\sqrt{p}}$ の無限等比級数」ですから, 高校で習った公式で和を計算できます. こうなります.

$$\left(\text{☆の } \underline{k \geqq 3 \text{ の部分}}\right) \leqq \lim_{x \to \infty} \frac{1}{3} \sum_{p \leqq x} \left(\frac{1}{\sqrt{p}}\right)^3 \frac{1}{1 - \frac{1}{\sqrt{p}}}$$

ゼータ 最後の分数は, p が小さいほど大きいので, 最小の奇素数 $p = 3$ のとき以下になるから, 3以下であることがわかるよ.

$$\frac{1}{1 - \frac{1}{\sqrt{p}}} \leqq \frac{1}{1 - \frac{1}{\sqrt{3}}} = 2.36\cdots \leqq 3$$

景子 そうすると, 3が約分され, 素数 p にわたる和が残ります.

$$\left(\text{☆の } \underline{k \geqq 3 \text{ の部分}}\right) \leqq \lim_{x \to \infty} \sum_{p \leqq x} \left(\frac{1}{\sqrt{p}}\right)^3$$

ゼータ これは, 素数に限らず「すべての自然数」にわたらせてしまえば, ゼータ関数の収束域に入っているから, 収束するよね.

$$\left(\text{☆の } \underline{k \geqq 3 \text{ の部分}}\right) \leqq \sum_{n=1}^{\infty} \frac{1}{\sqrt{n^3}} = \zeta\left(\frac{3}{2}\right)$$

優 なるほど. 結局, (☆) のうち, $k \geqq 3$ の部分は打ち消し合いが無くても収束するから, $k = 1$ と $k = 2$ の部分が問題なのですね.

景子 $\underline{k = 1 \text{ の部分}}$ は, こんな式になります.

$$\sum_{p \leqq x} \frac{(-1)^{\frac{p-1}{2}}}{\sqrt{p}} = \sum_{\substack{p \equiv 1 \pmod 4 \\ p \leqq x}} \frac{1}{\sqrt{p}} - \sum_{\substack{p \equiv 3 \pmod 4 \\ p \leqq x}} \frac{1}{\sqrt{p}}$$

優 <u>$k = 2$ の部分</u> は，分子の ± 1 が2乗で1になるので，こうなります．

$$\sum_{p \leqq x} \frac{1}{2} \left(\frac{(-1)^{\frac{p-1}{2}}}{\sqrt{p}} \right)^2 = \frac{1}{2} \sum_{p \leqq x} \frac{1}{p}$$

景子 これら2つの部分の合計が，収束するということですね．

ゼータ $k = 2$ の部分に登場した「素数の逆数の和」は，さっき解説した「オイラーの定理」で扱ったよね．

$$\sum_{p \leqq x} \frac{1}{p} \sim \log \log x \qquad (x \to \infty)$$

優 そうすると，(☆) は，これと同値ですね．

$$\lim_{x \to \infty} \left(\sum_{\substack{p \equiv 1 (\mathrm{mod}\ 4) \\ p \leqq x}} \frac{1}{\sqrt{p}} - \sum_{\substack{p \equiv 3 (\mathrm{mod}\ 4) \\ p \leqq x}} \frac{1}{\sqrt{p}} + \frac{1}{2} \log \log x \right) \quad \text{が収束}$$

ゼータ これは，最初の2つの級数の合計が $x \to \infty$ で発散し $\frac{1}{2} \log \log x$ と打ち消し合うことを意味しているよね．

景子 つまり，こういうことですね．

$$\sum_{\substack{p \equiv 3 (\mathrm{mod}\ 4) \\ p \leqq x}} \frac{1}{\sqrt{p}} - \sum_{\substack{p \equiv 1 (\mathrm{mod}\ 4) \\ p \leqq x}} \frac{1}{\sqrt{p}} \sim \frac{1}{2} \log \log x \quad (x \to \infty)$$

ゼータ わかるかい？　これが「チェビシェフの偏り」の正体なんだよ．

優 え？　どういうことですか？

ゼータ 算術級数定理を思い出してごらん．上式の左辺はこんな差の形だよね．

（3組の素数の全体にわたる和）−（1組の素数の全体にわたる和）

景子 　算術級数定理から，1組と3組の素数の個数は等しいので，もし両者が均等に分布していれば，この差は打ち消し合うと考えられます．

優 　個数が等しいにもかかわらず，$\frac{1}{2}\log\log x$ で正の無限大に発散するということは，各項の中身に差があるということですよね．

景子 　3組の和に，大きな項の値がたくさん含まれていることになりますね．

優 　項の形 $\frac{1}{\sqrt{p}}$ から，p が小さいほど項の値は大きいですよね．

景子 　ということは，3組に「小さめの素数」が多く含まれるのですか．

優 　つまり，3組の素数が「早めに現れる」わけですね．

ゼータ 　これが，多くの x で $\pi(x;4,1) < \pi(x;4,3)$ が成り立った理由だよ．

景子 　個数の大小より出現のタイミングの差で「3組が早め」なのですね．

優 　だから，実際に数えると3組が多いけど，同数ある1組も最終的には追いついて，算術級数定理が成り立つわけですね．

ゼータ 　これで「偏り」の定義もできたんだ．

景子 　上のような「〜」を使った $x \to \infty$ の挙動の式で定義するのですか？

ゼータ 　同数の素数からなる組 A, B があるとき，「A に偏りがある」とは，ある正の数 C が存在して，この式が成り立つことをいう．

$$\sum_{\substack{p \in A \\ p \leqq x}} \frac{1}{\sqrt{p}} - \sum_{\substack{p \in B \\ p \leqq x}} \frac{1}{\sqrt{p}} \sim C \log\log x \quad (x \to \infty)$$

優　19世紀にチェビシェフが抱いた謎を，ようやく数学的に定式化できたのですね．

景子　そして，深リーマン予想の仮定の下で，「チェビシェフの偏り」が存在することを，初めて証明できたのですね．

ゼータ　この定式化によって，素数を4だけでなく「一般の自然数」で割った余りの偏りも発見されたんだ．

優　結局，「偏り」が存在する理由は，何だったのでしょうか．

ゼータ　「チェビシェフの偏り」が「深リーマン予想」から得られた経緯を振り返ってごらん．深リーマン予想とは，何を意味していたかな？

景子　オイラー積が 1/2 で収束することですよね．

ゼータ　オイラー積とは，どういうものだった？

優　「自然数全体にわたる和」の「素数全体にわたる積」への書き換えです．

ゼータ　そのことを，「自然数の全体」を素数たちが全員で支えているようにイメージすると，わかりやすいかもしれないね．

景子　どういうことでしょうか．

ゼータ　素数の中には大きいものもあれば小さいものもある．それら1つ1つの素数たちが結集して，すべての自然数を表すわけだ．

優　素数たちが自然数全体を「支えている」のですか？

ゼータ　自然数全体が，村祭りの「おみこし」だとしよう．素数は村人で，老若男女全員で大きなおみこしを担いで支えるんだ．

景子　村人の中には，小さな子供もいれば，筋骨隆々の大人もいますよね．

ゼータ　だから，おみこしのバランスをとるには，村人が均等に並んでもダメだよね．人員配置に，ある種の「偏り」が必要になる．

優　それが，「チェビシェフの偏り」だったのですか？

景子　1853年にチェビシェフが抱いた謎が，解けたのですね．感動です．

ゼータ　楽しんでもらえたなら良かった．私も嬉しいよ．

バランスを保つための人員の偏り（大人の男性は1名，子供は多人数）

「偏り」解明の裏側

「チェビシェフの偏り」は「L 関数のオイラー積の収束」から自然に導かれる現象であることがわかりました。素因数分解が常に成り立つために必要な「バランス」を，素数たちが懸命に取ろうとした結果，一見「偏り」と思われる現象が生じていたのです。この発見は，数学的には以下の2つの研究成果になります。

- 「チェビシェフの偏り」の，漸近式を用いた定式化（定義の発見）
- 「深リーマン予想」の仮定の下で「チェビシェフの偏り」の証明と一般化

column 28 で指摘した「先行研究の欠陥」を，本研究ではことごとく改善しています。第一の指摘「偏りの大きさ」については，たとえば「60で割った余り」のときの偏りと比較するとわかります。このとき「余り1」と「余り49」の2つの組が弱く，他の余り (7, 11, 13, 17, 19, 23, 29, 31, 37, 41, 43, 47, 53, 59) を持つ14種類の組が強くなりますが，1つの強い組 A と1つの弱い組 B を比べたとき，本研究成果として得られる漸近式は次のようになります。

$$\sum_{\substack{p \in A \\ p \leqq x}} \frac{1}{\sqrt{p}} - \sum_{\substack{p \in B \\ p \leqq x}} \frac{1}{\sqrt{p}} \sim \frac{7}{2} \log\log x \quad (x \to \infty)$$

右辺の $\frac{7}{2}$ が偏りの大きさを表します。この値は「4で割った余り」のときは $\frac{1}{2}$ でした。比較すると「60で割ったとき」の偏りの方が大きいことがわかります。

第二の指摘「仮定の不自然さ」も，本研究の仮定「深リーマン予想」の主張が一貫して「オイラー積の収束」であることから，解消しています。そして第三の指摘である「偏りの基準の的確さ」についても，本研究で得た漸近式が「オイラー積の収束」と同値であることから，必要十分性が証明され，解決しています。

本研究は，19世紀にチェビシェフが提起した素数の謎の解明に大きく寄与するものです。本研究の着想は，前著『『数学をする』ってどういうこと？』の執筆の過程で生じた疑問がきっかけでした（上の漸近式の左辺の原型となった数式は，前著 p.240 に掲載されています）。一般向けの本の執筆からこのような研究のヒントが得られたことから，私は，本研究成果を「神様からのご褒美」のように感じています。

あとがき

　本書は，私が手掛けた著作のうち単独の著者によるものとして9冊目になります．現代は，数学を趣味として楽しむ人々にとって便利な時代です．好きな数学用語で検索すれば，面白そうな話題がネット上ですぐに見つかりますし，たいていの疑問に対して，わかりやすい解答解説を容易に見つけることができます．人気の教育系ユーチューバーの講義は，プレゼンテーションの技術も高く，魅力を感じる視聴者も多いことでしょう．

　そんな時代に，文筆の専門家でもない，私のような一介の研究者が本を書く価値があるとすれば，それは，私にしか書けない内容，すなわち，先端の数学研究を反映した内容であることが必須であると思います．私は，過去に執筆した8冊の単著書においても，そのことを必須の条件として課してきました．そして，本作ではその実践を究極的に成し遂げたといえます．本書第1〜3部で紹介した3つの話題はいずれもここ数年の動向を反映しており，特に第3部の内容は私自身の最新の研究成果の報告だからです．

　最先端の研究を反映すれば，当然，内容は難しくなります．しかし，いかに難しく見える数学にも，研究の動機となった「根源的な魅力」が宿っています．数学者はそこに惹かれ，生涯にわたり多大な努力を数学に捧げ，引き換えに進展を得るのです．私の役割は，そんな数学の魅力を表現し，研究の現場の息吹を一般の読者に伝えることであると考えています．

　本書は，整数の世界に生来存在していると思われる「ランダム性」をテーマに，それが最先端の数学研究に顔を出した場面を切り取って解説しました．数論における「ランダム性」は，文献などで明示的に語られることは少ない対象ですが，整数の素朴な不思議さを醸し出すキーワードであり，多くの数学者の心の奥底に潜み研究の動機を形成する概念であると，私は感じています．

　本書を通じ，数学研究が決して一般の人々が抱く素朴な興味からかけ離れた存在ではないことを，伝えられれば幸いです．

2023年8月　　著者

謝　辞

　本書の制作にあたり，モニターの方々に原稿を読んで頂き，多数の有益なご指摘を頂きました．とくに，新潟県立三条高等学校数学教諭の樋口珠美先生には，高校数学のプロの立場から高校の学習範囲に照らした数々の貴重なご助言を頂き，おかげさまで本稿がより多くの方々に受け入れて頂けるものになりました．深く感謝申し上げます．また，東洋大学大学院理工学研究科博士後期課程の田中秀宣さんからは，数学専門の大学院生ならではの貴重なご指摘を頂きました．そして，高校3年生の田中花菜さんとのディスカッションでは，第27話「無限を表す関数」の執筆のヒントを頂きました．さらに，数学を専門にされていないmateriaさん，原田法子さんには，一般の読者の立場から原稿に目を通して頂き，私が気づけなかった点をいくつも教えて頂きました．以上のモニターの方々からは，難解な表現や間違った言い回しを修正するためのご教示ばかりでなく，励ましやお褒めの言葉も多く頂くことができました．それらは，執筆の過程において大きな推進力となり，おかげさまで私は自信を持って本書を最後まで書き進めることができました．

　最後に，本書の第2話に収録した「数学教育に関する論考」の元となる議論を交わしてくれた，コロンビア大学教育大学院の小林さやかさんに，感謝の意を表します．「ビリギャル」としても知られる小林さんは，500回以上の講演活動で多くの中高生と触れ合い，認知科学・教育心理学の研究をされるに至りましたが，最近，研究の過程で数学の重要性を認識されたとのことです．私は，在米の小林さんとオンラインで何度もディスカッションをさせて頂き，小林さんの斬新な着想と卓越したプレゼンテーション力に感銘を受けました．それは大きな刺激となり，私を本書の執筆へと駆り立てる結果になりました．泉のように湧き出てくる教育談義の内容は，対談集として出版したくなるくらい充実したものでした．小林さやかさんと，いつかどこかで再会しそんな機会を持つことができれば幸甚です．

　以上，本書は実に多くの方々のご協力があって完成しました．心からの感謝を感謝申し上げ，結びとさせて頂きます．

索 引

小山 信也（こやま しんや）

1962 年新潟県生まれ。1986 年東京大学理学部数学科卒業。
1988 年東京工業大学大学院理工学研究科修士課程修了。理学博士。
慶應義塾大学，プリンストン大学（米国），ケンブリッジ大学（英国），梨花女子大学（韓国）を経て，現在，東洋大学理工学部教授。専攻／整数論，ゼータ関数論，量子カオス。

著書は『日本一わかりやすい ABC 予想』（ビジネス教育出版社）『数学の力～高校数学で読みとくリーマン予想』（日経サイエンス社）『リーマン教授にインタビューする』（青土社）『素数とゼータ関数』（共立出版）『ゼータへの招待』『リーマン予想のこれまでとこれから』『素数からゼータへ，そしてカオスへ』（以上，日本評論社）『「数学をする」ってどういうこと？』（技術評論社）など多数。訳書は『オイラー博士の素敵な数式』（筑摩書房）など。

最近ではテレビ番組の監修・制作協力も行っている。
『笑わない数学シーズン 2』（NHK 総合テレビ，2023 年 10 月 4 日放送開始）
『笑わない数学』（同，2022 年放送）
『数学者は宇宙をつなげるか？ ── ABC 予想をめぐる数奇な物語』（NHK スペシャル，2022 年放送）
『特捜 9 season 4』第 7 話「殺人パズル」（テレビ朝日，2021 年放送）など。

挿絵・構成協力者プロフィール

●挿絵

長原 佑愛（ながはら ゆあ）

2001年埼玉県生まれ。

代表作に『日本一わかりやすいABC予想』（ビジネス教育出版社）『「数学をする」ってどういうこと？』（技術評論社）

など。

本書にて，カバーイラスト，登場人物デザイン，本編イラスト担当。

●構成協力

矢吹ゆい（やぶき ゆい）

2001年福島県生まれ。

2023年東洋大学理工学部卒。

卒業論文「平方非剰余への『素数の偏り』の存在」において「チェビシェフの偏り」を一般の自然数で割った場合に拡張し，2023年3月に開催された「第27回代数学若手研究会」にて講演を行う。2024年度より，埼玉県内の私立高校にて数学の教員として勤める。

● 本書に関する最新情報は，下の QR コードにアクセスのうえ、ご確認ください．

● 本書へのご意見，ご感想は，以下の宛先へ書面にてお受けしております．電話でのお問い合わせにはお答えいたしかねますので，あらかじめご了承ください．

〒 162-0846　東京都新宿区市谷左内町 21-13
　株式会社 技術評論社 書籍編集部
　『素数って偏ってるの？』係
FAX：03-3267-2271

素数って偏ってるの？

2023 年 10 月 21 日　　初版　第 1 刷発行

著　者　小山　信也
発行者　片岡　巖
発行所　株式会社技術評論社
　　　　東京都新宿区市谷左内町 21-13
　　　　電話　03-3513-6150　販売促進部
　　　　　　　03-3267-2270　書籍編集部
印刷／製本　港北メディアサービス株式会社

定価はカバーに表示してあります。

装丁●オフィス sawa
カバーイラスト，本文イラスト●長原佑愛
構成協力●矢吹ゆい

ISBN978-4-297-13761-8　C3041
Printed in Japan